Ian Norbury

Relief- und Buchstabenschnitzen

Ian Norbury

Relief- und Buchstabenschnitzen

Material
Technik
Gestaltung

Verlag Paul Haupt Bern · Stuttgart · Wien

Titel der englischen Originalausgabe:
Relief Woodcarving and Lettering

Stobart Davies Ltd., London

Aus dem Englischen übersetzt
von Denis Büschi, CH-3860 Meiringen

Für meine Frau

Die Deutsche Bibliothek – CIP-Einheitsaufnahme

Norbury, Ian:
Relief- und Buchstabenschnitzen : Material – Technik – Gestaltung / Ian Norbury.
[Aus dem Engl. übers. von Denis Büschi]. – Bern; Stuttgart: Haupt, 1992
Einheitssacht.: Relief woodcarving and lettering <dt.>
ISBN 3-258-04544-5
NE: HST

Printed in Switzerland

Inhalt

Einführung

Im vergangenen Jahr öffnete sich mir eine ganz neue Welt kreativer Möglichkeiten, die ich vorher nicht beachtet hatte. Das Potential der Ausdrucksfähigkeit in der Reliefschnitzerei ist offensichtlich, es überraschte mich jedoch sehr. Ich hoffe, dass auch manch anderer von dieser Art Schnitzerei gefesselt wird.

Als ich dieses Buch zu schreiben begann, war meine Begeisterung noch nicht so gross, nicht zuletzt deshalb, weil ich, wie viele andere, Reliefschnitzerei als Kleinkunst, bloss als Dekoration, alltäglich und selten als wichtig empfand. Eine solche Schnitzerei steht nicht allein wie eine dreidimensionale Figur.

Aus diesem Grund setzte ich mir zwei Ziele: Erstens wollte ich nicht Allgemeines erwähnen, was aus andern Büchern gelernt werden kann; aus diesem Grunde liess ich das meiste über traditionelle dekorative Schnitzerei weg. Zweitens sollte das Buch mein aktuelles Schaffen aufzeigen und hoffentlich auch den Geschmack derjenigen Holzbildhauer treffen, die dieses Buch lesen. Grundsätzlich schliesst dies sowohl den avantgardistischen Kunststudenten als auch den waschechten Traditionalisten aus.

Das Auswahlkriterium war einfach: Als Berufsbildhauer mit allen üblichen Verpflichtungen gegenüber Familie, Haus usw. kann ich keine unverkäuflichen Schnitzereien herstellen. Wenn jemand eine Schnitzerei kaufen will, gibt es einige Interessenten, die gerne etwas Ähnliches schnitzen möchten; dies scheint mir vernünftig. Umgekehrt ist eine unverkäufliche Schnitzerei vermutlich ziemlich langweilig zu schnitzen. Dies soll keine Beleidigung sein gegenüber all denjenigen, die eine Schnitzerei nicht verkaufen können. Ich meine damit vielmehr, dass die Mehrheit der Interessenten viele Geschmäcker hat, die sich aber innerhalb eines gewissen Rahmens halten. Fast alle meine Arbeiten bewegen sich innerhalb dieser Grenzen und werden gekauft. Die meisten Holzbildhauer bewegen sich auch in diesem Feld – überschreiten sie dieses, ist ein klares Desinteresse von Käufern und Lesern feststellbar. Somit lesen die angehenden Henry Moores das falsche Buch.

Ich fand Reliefschnitzerei schwieriger als vollplastische Schnitzerei, weil keine bestimmten Formen vorhanden sind. Wenn Sie einen dreidimensionalen Kopf schnitzen, hat er entweder die gleiche Form wie das Original, oder eben nicht. Ein Relief kann nie dem Original entsprechen, es kann ihm höchstens ähnlich sehen, und das ist dann aber eine Frage der persönlichen Beurteilung.

Als ich meinen Weg vom einfachen zum komplizierten Objekt erarbeitete, begann ich erst, die Möglichkeiten der Reliefschnitzerei zu erkennen. Zuerst beeindruckte mich, dass Holz plötzlich kein Problem mehr war. Da war kein jahrelanges Sitzen auf Holzstapeln mehr nötig, um zu warten, dass das Holz trocknen und dann plötzlich doch noch Spalten entwikkeln würde. Einwandfreie trockene Bretter bis zu 75 mm Stärke sind beinahe in jeder nur wünschbaren Holzart erhältlich. Dies gibt Ihnen die Möglichkeit, das Potential an Farbe, Maserung und Charakter voll auszunutzen.

Die kreativen Möglichkeiten, die der bildliche Charakter des Reliefs bietet, wurden mir erst spät bewusst. Dies mag erstaunen, aber wenn Sie ringsum Kirchen, Museen oder Bücher über Bildhauerei und anderes betrachten, fasziniert Sie der bildhafte Gebrauch von Reliefs. Die endlosen Prozessionen von Streitwagen, die nach Golgatha fahren, Engelscharen, Dutzende von Cupidos, griechische und römische Friese, Altarstücke aus der Renaissance usw., alles in wunderbar geschnitzten Landschaften mit prächtigen Gebäuden, überwältigen Sie, bis Sie das Gefühl haben, dass ein von Ihnen geschnitztes Relief nur ein blasser Schatten sein kann gegenüber den Wundern, die in der Vergangenheit geschaffen wurden.

Nur stetes Reliefschnitzen und Entschlossenheit werden Sie befähigen, Schnitzereien zu bewältigen, an die Sie sich im Dreidimensionalen gar nicht herangewagt hätten. Es ist zum Beispiel keine Kleinigkeit, ein Pferd vollplastisch zu schnitzen; ein rennendes Pferd mit Jockey ist eine beängstigende Aufgabe, aber zwei oder drei rennende Pferde zusammen sind eine gewaltige Angelegenheit. Im Relief kann die Ausführung gelingen. Holz ist kein Problem. Der Aufwand an Wissen und Nachforschung, der bei einer dreidimensionalen Schnitzerei notwendig ist, kann auf einige Abklärungen von Details reduziert werden. Es muss viel weniger Holz weggemeisselt werden; das Risiko des Abbrechens ist gering, und die Technik ist generell einfacher. Sie können Ihre Energie ganz Ihrer eigenen Interpretation und dem Ausdruck des galoppierenden Tieres, der abgeworfenen Erde, dem landschaftlichen Hintergrund oder anderem, widmen.

Trotzdem ist Reliefschnitzerei nicht einfach. Die Schwierigkeiten werden später beschrieben. Hier sollte man aber klarstellen, dass es sich um Entscheidungsprozesse handelt, weit mehr als in der dreidimensionalen Schnitzerei. Relief ist eigentlich eine Verzerrung der Natur. Es ist dem Bildhauer überlassen, auf welche Art er Verzerrungen machen will. Aus diesem Grund erteile ich in diesem Buch weniger genaue Anweisungen als in den vorangegangenen. Während bei einem vollplastisch geschnitzten Kopf gesagt werden konnte, dass die Nase oder das Kinn diese Form habe und so zu schnitzen sei, kann ich beim Relief nur zum Ausdruck bringen, wie der Gesichtsausdruck einer bestimmten Person ist. So habe ich versucht, eine optische Täuschung anhand der Dicke des vorhandenen Holzes zu kreieren. Andere machen es vielleicht anders. Um die Formen besser zu illustrieren, habe ich Querschnitte einbezogen, um dem Leser die Prinzipien verständlicher aufzuzeigen.

Die abgebildeten Schnitzereien sind weniger zum Kopieren gedacht; vielmehr sind es Aufzeichnungen, wie ich die Aufgabe anpackte. Ich hoffe, dass andere vielleicht den gleichen Weg gehen, die ausgewählten Themen den eigenen anpassen und aus meinen Fehlern und Erfolgen lernen werden.

Die Buchstabenschnitzerei ist weniger kompliziert als vielleicht erwartet. Einmal mehr: Man kann die traditionellen Schriften, wie römische, gotische usw., schnitzen; Schriften wurden schon immer als eine Kunstform angesehen. Ich habe versucht zu zeigen, dass sie nicht nur zum Vermitteln einer Botschaft, sondern auch als Dekoration einer Schnitzerei, von Möbeln, Gebäuden usw. oder auch selbständig dargestellt werden können. Es gibt genügend Beispiele von Dekorationen, die bloss als Lichtbrecher zur Entlastung einer grossen Fläche dienen. Wieviel besser sind doch Verzierungen, die etwas Bedeutsames an sich haben. Schriften sagen immer etwas aus, auch wenn wir die Worte nicht verstehen. Man könnte sich sehr in die Schnitzerei von Schriften vertiefen, und obwohl es vielleicht eines gewissen Menschentypus bedarf, um diese Art der Schnitzerei wirklich zu beherrschen, stellt diese Kunst für den durchschnittlichen Bildhauer aber kaum Probleme dar.

1. Begriffe

Obwohl theoretisch alles in Relief geschnitzt werden kann, wird eine kurze Studie über Werke anderer Bildhauer aufzeigen, dass im allgemeinen eine gewisse Übereinstimmung herrscht. Ein augenfälliges Beispiel belegt dies: Sie werden kaum eine Medaille oder eine Münze finden, auf der das Porträt nicht im Profil dargestellt ist. Es gibt wenige gelungene Ausnahmen. Meistens zeigt die Münze jedoch eine Seitenansicht des Kopfes oder des Kopfes mit Schultern. Warum ist das so? Vielleicht damit die Nase nicht abflacht und somit immer schön bleibt. Betrachten wir eine 10-Pence-Münze (Abbildung 1), so haben wir etwa 0,5 mm Reliefstärke. Proportional entspricht die Nase vermutlich der natürlichen Dicke, wie auch die Krone und das Ohr – im Gegensatz zu den Schultern, die um die Hälfte der Körperbreite, etwa 250 mm, auf dieselbe Dikke wie die Nase reduziert wurden. Trotzdem wirkt das Bild überzeugend. Also liegt es nicht nur an der Nase. Die Frage ist einfach: Was *scheint* echt?

Betrachten wir die Münze nochmals, stellen wir fest, dass sich die Umrisse des Gesichtes scharf vom Hintergrund abheben und die erkenntlichen Merkmale der Königin zeigen. (In einer Frontansicht sähe man bloss die Umrisse ihres Haares und einen Teil der Krone.) Die Seitenansicht des Auges und die Kante der Haare heben sich von der schlichten Gesichtsfläche ab, ebenso die Krone vom Haar. Wie Sie sehen, wurden die Schultern ziemlich nach vorn gebracht; sie heben sich vom Hintergrund ab. Der obere Rand des Kleides liegt auf den Schultern. Kleine Details sind die überlagerten Wellen der Haare; die Mundecke vertieft in der Wange; das Ohr über dem Nacken und die Nasenlöcher auf der Nase.

Diese einfachen Ausführungen ermöglichen es dem Künstler, eine Illusion von Tiefe leicht darzustellen, etwa wie die Zeichnung einer Reihe immer kleiner werdenden Telegrafenmasten den Eindruck von Perspektive und Distanz vermittelt. Von vorn betrachtet, fehlen nicht nur die meisten dieser Überlagerungen, die Formen von Augen, Lippen und Nase sind viel subtiler, weniger ausgeprägt. Mit *Oberst Blood* und *Brendan* werden in Abbil-

Abbildung 1

dungen 2 und 3 weitere Beispiele dieser Art gezeigt.

Dies stimmt auch mit andern Körperteilen überein. Ein Fuss ist in Frontansicht viel schlechter zu erkennen als in Seitenansicht. Damit meine ich nicht, dass man das nicht machen *kann* oder dass man den Weg des geringsten Widerstands gehen solle, sondern, dass man alles Mögliche unternehmen soll, um ein *gelungenes* Trugbild zu vermitteln. Nur die Beschäftigung mit bestehenden Skulpturen und das Selbermachen werden Sie lehren, diese Probleme zu meistern.

Machen Sie sich auf Fehlschläge, kleine Erfolge und vereinzelte, völlig gelungene Stükke gefasst. Das Wichtigste ist, herauszufinden, warum die erhoffte Wirkung ausgeblieben ist, und sich dann zu verbessern. Weitere Details werden anhand der Projekte besprochen.

Eine Reliefschnitzerei ist hauptsächlich eine modellierte Form, die sich aus einer Fläche erhebt. Um Klarheit zu schaffen, werde ich auf die Hauptmerkmale der Schnitzereien verweisen, die Figuren, Blumen oder was auch immer als Objekt vorhanden ist, und auf die Fläche, aus der sie herauswachsen. Der Hintergrund kann eine Mauer sein, wie im Fall der geschnitzten Girlanden von Grinling Gibbons, oder eine gedrehte Säule oder Vase, ein einzelnes Holzbrett, oder meist einfach das Holz, aus dem das Relief geschnitzt wird. Natürlich kann auch kein Hintergrund vorhanden sein, wie es in der durchbrochenen Füllung der Fall ist, wo der Raum durch die Löcher gesehen den Hintergrund darstellt.

Wo das ganze Stück aus einem massiven Holzblock geschnitzt ist, bedeutet das Grundprinzip des erhabenen Bildes, dass der Hinter-

Abbildung 2: *Oberst Blood*. Schnitzerei für Her Majesty's Government, Tower of London.

Abbildung 3: *Brendan*. Mit freundlicher Genehmigung von Mr und Mrs R. Gilbert.

grund um das Motiv herabgesetzt werden muss.

Ist das Motiv auf dem Holz aufgezeichnet, muss das Holz befestigt werden. Das Entfernen des umfangreichen Hintergrundes ist eine mechanische, manchmal langweilige Pflichtarbeit. Es gibt vier verschiedene Methoden, dies zu tun. Erstens kann man rund um die Zeichnung mit dem Eisen gerade hinunterstechen und den Hintergrund bis zu diesem Einstich entfernen. Obwohl dies die naheliegendste Methode zu sein scheint, ist sie nicht zu empfehlen. Wenn man den Meissel senkrecht ins Holz drückt, wird es nicht nur geschnitten, sondern durch die Dicke des Eisens wie durch einen Keil (im Querschnitt) zusammengepresst oder gespalten (im Längsschnitt), wodurch schon erhebliche Schäden an der Schnitzerei entstehen können. Bei der zweiten Methode wird mit dem V-Meissel 5–6 mm ausserhalb der aufgezeichneten Linie ein tiefer Schnitt gemacht. Erst anschliessend wird mit den Meisseln der Linie entlang hinuntergestochen. Durch den seitlichen Druck bröckelt die dünne Wand zwischen dem V-Schnitt und der Linie ab, und das zu erhaltene Holz bleibt intakt. Die dritte Methode scheint mir die beste zu sein. Man fährt mit einem V-Schnitt etwa 5–6 mm von der Zeichnung entfernt um diese herum. Mit einem Hohleisen entfernt man die grösseren übriggebliebenen Flächen und sticht mit einem Flacheisen sorgfältig der Linie entlang hinunter. Bei dieser Methode haben wir am wenigsten Risiken. Die vierte Methode schliesslich macht Gebrauch von Oberfräser, Säulenbohr- oder anderen Maschinen, wie es im Fall der Eule in Abbildung 62 war, in der ich eine Kreissäge benötigte.

Der Oberfräser, wie in der Abbildung 181 *Marillion* gebraucht, ist die heute beliebteste Maschine. In erfahrenen Händen sind Oberfräser ausgezeichnete Werkzeuge, doch sind wenige von uns mit diesen vertraut. Die Vorteile dieser Maschinen sind: Schnelligkeit, Bequemlichkeit, problemloses Einhalten der Schnittiefe, auch kleinste Flächen können sauber bearbeitet werden, und es entstehen immer senkrechte Kanten. Schablonen aus Sperrholz ermöglichen, mit dem Oberfräser exakt der aufgezeichneten Linie zu folgen. Nur allerkleinste Winkel lassen sich mit kleinen Fräsern nicht bearbeiten.

Nachteilig sind die Kosten solcher Elektromaschinen und Fräser; die Katastrophen, die sich ereignen können, wenn die Gewandtheit fehlt. Oberfräser haben auch ihre Grenzen. Der alleinige Verlass auf die Maschine hindert den Bildhauer, bestimmte Arbeiten überhaupt in Angriff zu nehmen. Zum Beispiel kann er nicht auf abgerundeten Flächen, gewölbt oder inhohl, arbeiten; er kann keinen abgestuften oder abgeschrägten Hintergrund schneiden, wie es beim Relief der Fall ist. Wie auch immer: Für einfache Flächen sind Oberfräser unschlagbar.

Um auf die dritte Methode zurückzukommen: Wenn das überflüssige Holz des Hintergrundes entfernt worden ist, müssen die genauen Umrisse der Zeichnungen geschnitzt werden. Diesen Vorgang nennt man hinabstechen. Es bedarf hier der richtigen Hohl- und Flacheisen, um die Umrisse genau nachzuvollziehen und um auf die Höhe des zurückversetzten Hintergrundes zu gelangen. Hier macht man vom Schlegel Gebrauch. Vergewissern Sie sich, dass sich die Schnitte überschneiden, damit die Umrisse überall gelöst sind, bevor Sie den

Hintergrund säubern. Das Hinabstechen muss genau senkrecht erfolgen, wie es in Abbildung 4A gezeigt ist. Wenn das Motiv wie bei B unterschnitten wird, verkleinert es sich, je tiefer man es formt. Wenn die Schnitte nach aussen abgeschrägt werden, wird es grösser (C). Dies ist jedoch das kleinere der beiden Übel; so ist es im Zweifelsfall besser, die Schnitte leicht nach aussen anzusetzen.

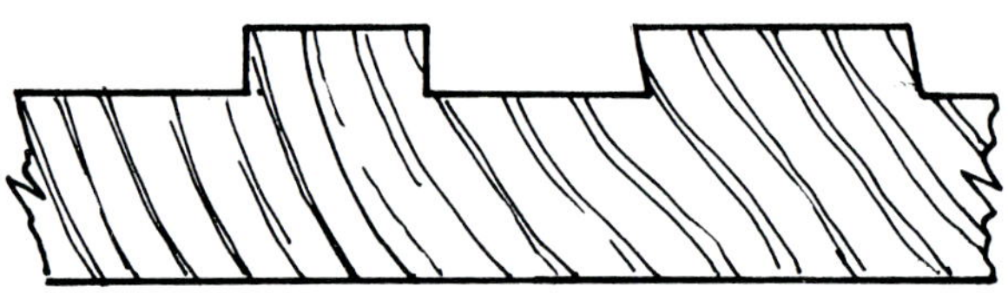

Abbildung 4

Eine der grössten Gefahren beim Hinabstechen sind Ausrutscher, die Spuren im bereits bearbeiteten Hintergrund hinterlassen. Diese sind hässlich und können nur entfernt werden, indem man den ganzen Hintergrund tiefer ansetzt. Eine andere Gefahr kommt von zu wenig tiefen V-Schnitten zu Beginn der Schnitzerei. Dieses Problem ist grundlegend für alle Schnitzereien. Die Schneidfläche eines Meissels ist wie ein Keil. Wenn sie ins Holz gedrückt wird, entsteht beidseitig der Schneidfläche ein Druck, der das Holz spalten könnte (Abbildung 5A). Wird dem Holz die Spannung durch einen V-Schnitt etwas genommen, werden die Späne auf dieser Seite wegbröckeln (Abbildung 5B). Das Motiv wird somit nicht beeinträchtigt und bleibt unverletzt. In Abbildung 5A wird die Faser beidseits des Meissels leicht gelöst. Wenn jetzt daneben ein anderer Schnitt (C) gemacht wird, kann der Bruch meist nicht mehr vermieden werden. Praxisbezogen heisst dies, dass bei dünnen Partien des Motivs das Restholz schwächer sein muss als das Motiv, damit dieses anstelle des Motivs wegbröckelt. Nach dem Hinabstechen muss der Hintergrund mit sauberen, weichen Schnitten bearbeitet werden. Das genaue Zusammentreffen der senkrechten und horizontalen Schnitte erleichtert die Arbeit. Es ist wichtig, dass der Hintergrund gleichmässig hinabgesetzt wird; dies sollte gemessen werden. Oft besteht die Tendenz, in schwierigen Partien weniger tief zu schneiden. Das Gros des Hintergrundes wird am besten mit einer flachen Schale, wie zum Beispiel Nr. 2 oder 3, ausgeebnet. Weil die Kanten immer hängen bleiben, sind Nr. 1-Meissel hierfür nicht geeignet.

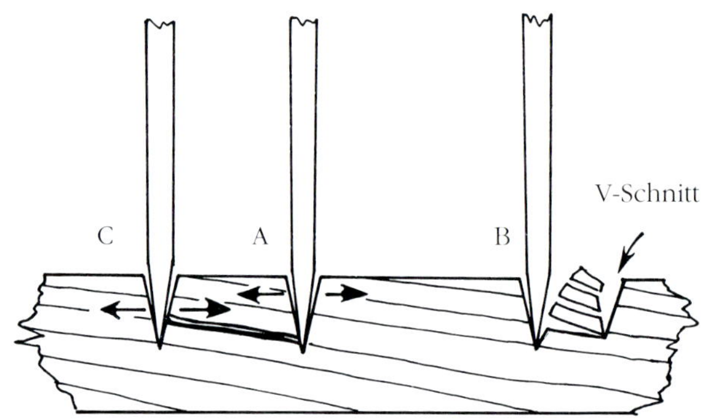

Abbildung 5

In engen Partien sind gekröpfte Flachmeissel notwendig. Gekröpfte Meissel sind ähnlich wie Gabeln gebogen und ermöglichen somit problemlose Schnitte (Abbildung 6). Diese Schnitte sollten nach Möglichkeit mit der Maserung des Holzes erfolgen, damit sie eine saubere, glänzende Fläche hinterlassen. Wenn Sie gegen die Maserung schneiden müssen, verwenden Sie sehr scharfe Werkzeuge, und versuchen Sie, den Meissel seitwärts zu ziehen, damit Sie auch hier eine saubere Fläche erhalten. Freilich möchten Sie vielleicht den Hintergrund schleifen oder gar stanzen. Obwohl dies allgemein als ein Vertuschen einer unsauberen Oberfläche angesehen wird, finde ich, dass es durchaus eindrucksvoll wirken kann.

Sicher, Hinabstechen und grössere Flächen wegschnitzen sind bei flachen Reliefs zwischen 6–12 mm Tiefe relativ einfache Arbeiten. Schwieriger wird es aber, wenn das Relief höher wird. Auch wird das gerade Hinabstechen durch Abschrägen und Unterschneiden ersetzt, um dem dickeren Relief mehr Form zu geben. Im Detail wird dies weiter hinten behandelt.

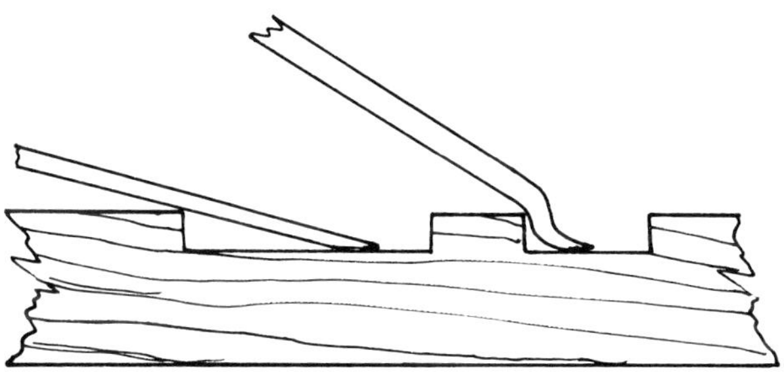

Abbildung 6

Eine dreidimensionale Skulptur lässt sich von allen Seiten betrachten (Abbildung 7A). Sie kann überall hingestellt werden; je zugänglicher sie für den Betrachter ist desto besser. Aber dies ist im Entwurf meist nicht berücksichtigt. In der Reliefschnitzerei ist die Situation anders. Weil Reliefschnitzereien unterschiedlich verzerrt und abgeflacht sind, können sie je nach Tiefe nur von wenigen Stellen aus betrachtet werden. Die Tiefenperspektive kommt nur von bestimmten Standpunkten aus zum Ausdruck (Abbildung 7B). Dies gilt sowohl in horizontaler als auch in vertikaler Hinsicht. Zum Beispiel wird einem Porträtrelief, dessen Standort drei Meter über dem Boden bestimmt ist, nur der untere Teil unter-

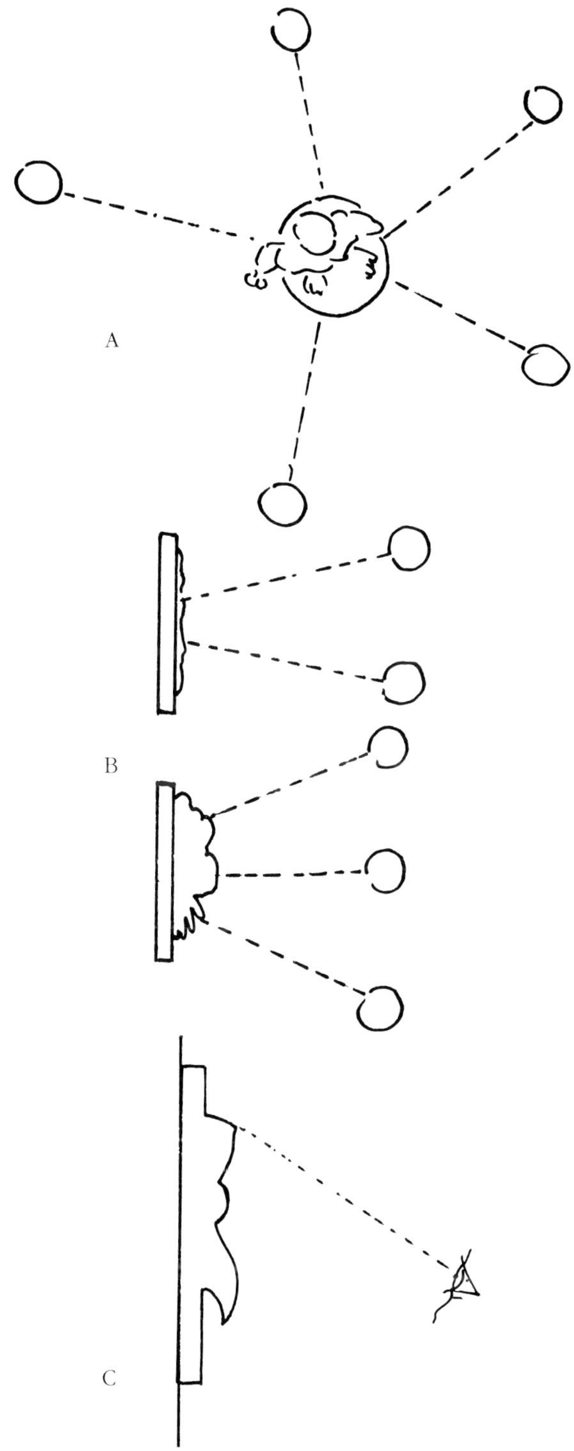

Abbildung 7

schnitten, nicht aber der obere (Abbildung 7C). Es kann so entworfen werden, dass es leicht vornüber neigt, damit es im rechten Winkel zum Betrachter hängt. Man muss eben auch den Standort eines Reliefs mit einbeziehen. Die beiden Fotos einer alten Füllung (Abbildungen 8A und 8B) zeigen deutlich die Unterschiede aus den verschiedenen Betrachtungswinkeln. Vielleicht gleichbedeutend sind Funktion und Präsentation eines Reliefs. Eine Türfüllung muss beispielsweise genau in die Aussparung im Rahmen passen. Bei der Holztafel *Marillion* (Abbildung 94), wurde der Rahmen direkt aus dem gleichen Block ge-

Abbildung 8a

Abbildung 8b

schnitzt. Sie könnte aber auch in einen Tür-, Bilder- oder ähnlichen Rahmen gepasst werden. Das Stilleben (Abbildung 52), von der Seite gesehen, passt aber nicht in irgendeinen normalen Rahmen. Er müsste so tief und ohne Fugen angesetzt werden, wie der tiefste Punkt auf der Füllung. Sie müssen sich fragen, was mit der Schnitzerei nach der Beendigung geschehen soll. Ein gutes Beispiel ist der in den Abbildungen 9 und 10 dargestellte Akt. Auf diesen Bildern wirkt die Schnitzerei gut. Betrachtet man jedoch das Ganze, bemerkt man den kleinen Boden, der vorn herausragt. Die Schnitzerei passt in keinen Rahmen. An einer

Wand befestigt, würde der Boden mitten in der Luft hängen. Die Schnitzerei lässt sich, eher verloren zwar, auf eine Fläche stellen; und von beinahe jedem Blickwinkel sieht man auf die harten Kanten seitlich oder oben. Dies zeugt von mangelnder Voraussicht und schlechtem Design. Hätte man das Ganze aus einem Klotz herausgehöhlt, wäre der Boden ein Teil des abfallenden Hintergrundes geworden, und das Stück liesse sich einrahmen oder aufhängen (Abbildung 11).

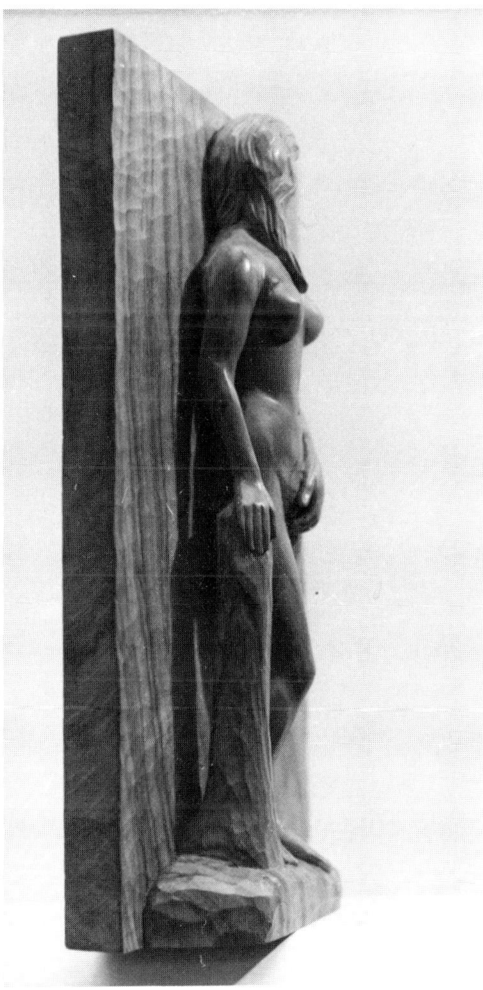

Abbildung 9

Abbildung 10

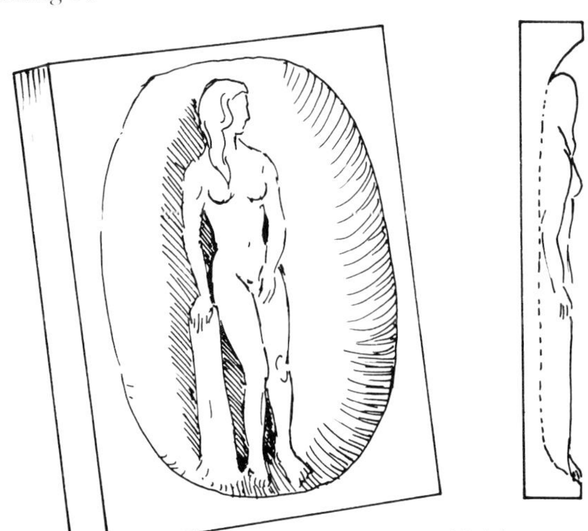

Abbildung 11

Maserung

Der Holzmaserung muss in der Reliefschnitzerei mehr Bedeutung zugemessen werden als bei Plastiken. Saubere Kurven eines stilisierten Blattes oder scharfe Kanten mit dem V-Meissel setzen Verständnis und Kenntnis der gemaserten Holzstruktur voraus. Missachtungen haben gesplitterte Ecken oder aufgerissene Kanten zur Folge. In Abbildung 12 sehen wir ein Brett, dessen Maserung oder Faser der Länge nach verläuft. Der Schnitt A–B verläuft mit dem Holz, das heisst er verläuft im allgemeinen in Richtung der Faser. Ein Schnitt quer zum Holz heisst, dass er so angesetzt wird, dass er im rechten Winkel zu den Fasern oder schräg über diese hinweg verläuft, C–D und E–F. Viele Hölzer haben abwechselnd weiche und harte Fasern. Dies kann einen Schnitt wie A–B stark beeinträchtigen, denn das Werkzeug wird sich den Weg im weichen Holz suchen. Mit etwas Praxis können diese Unregelmässigkeiten mit der Dosierung der Kraft ausgeglichen werden. Späne eines Längsschnittes brechen nicht ab. Man muss den Schnitt sorgfältig zu Ende führen und den Meissel an die Oberfläche bringen, oder der Span muss mit einem abgeschrägten Flacheisen abgeschnitten werden. Ein Schnitt wie C–D ist leichter zu kontrollieren. Je näher man dem rechten Winkel zu den Fasern ist desto besser. Sobald man anhält, brechen die Späne ab. Der schräge Schnitt E–F bereitet mehr Schwierigkeiten. Nimmt man zum Beispiel ein V-Eisen, wird man sehen, dass die rechte Schnittseite schön glatt ist, die linke aber rauh und vielleicht sogar aufgerissen. Beim Schnitt G–H wird sich das Gegenteil zeigen. Die linke Seite wird glatt und die rechte rauh. Die glatte Seite ist diejenige, die uns am meisten dient. Um solche Schnitte problemlos zu erhalten, müs-

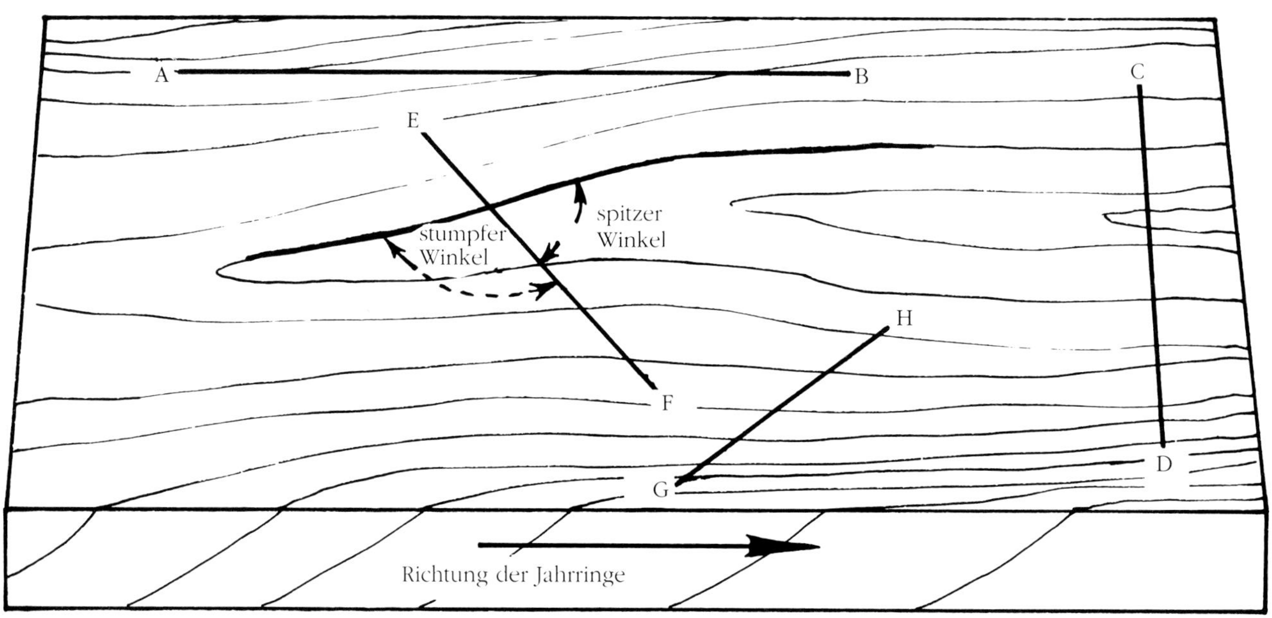

Abbildung 12

sen wir die Struktur der Fasern genau kennen und verstehen. Beachten Sie, dass die glatte Seite eines Schnittes immer in einem spitzen Winkel auf die Fasern trifft, im Gegensatz zur rauhen, die in einem stumpfen Winkel die Fasern kreuzt. Die glatte Seite verläuft mit den Fasern, die rauhe entgegengesetzt. Mit andern Worten: Das Werkzeug schneidet dann sauber, wenn es die Enden der Fasern wegschneidet, und rauh, wenn es in diese hineinschneidet. Ein anderer Weg, es sich zu merken: Schneiden wir von der kürzeren zur längeren Faser, schneiden wir mit dem Holz und erhalten einen sauberen Schnitt. Umgekehrt aber wird unser Schnitt rauh, wenn wir gegen das Holz, das heisst von der längeren zur kürzeren Faser schneiden. Ein einfacher Versuch dieser Tatsache wird Ihnen zeigen, was so schwierig zu erklären ist.

Die Maserung variiert von Holz zu Holz beträchtlich. Einige Hölzer können kaum gegen die Fasern beschnitzt werden, ohne dass sich der Meissel sofort eingräbt. Andere, wie Linde, scheinen fast keine Maserung zu haben, wenn man mit rasierklingenscharfen Werkzeugen arbeitet. Auf der Seite des abgebildeten Brettes sieht man, dass auch die Struktur des Holzes in dieser Richtung betrachtet werden muss. Dieses Holzbrett würde in der angegebenen Richtung problemlos bearbeitet werden können, nicht aber von der Gegenseite. Man muss schon bei der Auswahl des Holzes sein Augenmerk auf diese Tatsachen richten. Holzstücke, die gerade Maserung gleichlaufend mit der Oberfläche aufweisen, sind zu bevorzugen.

Werkzeuge und Ausrüstung

Die benötigten Werkzeuge zur Holzschnitzerei wurden schon in manchem Buch zur Genüge besprochen, auch in meinem Werk *Techniken des kreativen Holzschnitzens.* Für die ausführliche Beschreibung von Gebrauch und Handhabung der Holzbildhauerausrüstung möchte ich den Leser auf dieses Werk verweisen. Die Meissel, die wir in der Reliefschnitzerei benötigen, sind meistens dieselben wie bei der Plastikbildhauerei, obschon abgekröpfte Meissel öfter zur Anwendung gelangen als die breiten, halbrunden Schalen, die wir zum Ausrüsten benötigen. Im Relief schnitzt man im allgemeinen nicht so tief, so dass wir diese Meissel gut gebrauchen können. Den Hintergrund vertiefen und unterschneiden ist hier gefragt.

Es ist schwierig, eine Auswahl von Meisseln festzusetzen, weil diese meistens sehr von Art und Grösse der Schnitzerei abhängig ist. Im Prinzip gehören aber zur Grundausrüstung folgende Eisen: Zum Umfahren des Reliefs benötigen wir üblicherweise einen V-Meissel, das Mass hängt jedoch von der Grösse des Reliefs ab. Das Ausrüsten des Hintergrundes wird mit einer halbrunden Schale gemacht. Das Relief selbst wird dann mit verschiedenen Hohleisen bearbeitet, die genau in die Formen des Motivs passen. Mit den Flacheisen Nr. 2 und 3 und mit einigen gekröpften mit demselben Schnitt erhält man eine saubere Oberfläche für den Hintergrund. Weil die Flacheisen Nr. 1 sich häufig eingraben, werden sie selten für diese Arbeit verwendet.

Für das Formen der Details braucht man nochmals eine Anzahl verschiedenster Meissel. Hat man weniger als 20 bis 30 Eisen, wird man nur beschränkt arbeiten können. Beim Kauf sollten Sie immer an die Grösse der Schnitzerei denken, denn Sie können nicht für ein Münzporträt von 75 mm Durchmesser dieselben Werkzeuge gebrauchen wie für eine Füllung von 300 mm, wobei das eine das andere nicht ausschliesst. Nachstehend finden Sie eine Liste mit den gebräuchlichsten Meisseln. Meiner Meinung nach sollten diese Eisen für durchschnittliche Arbeiten eines Anfängers genügen.

Nebst den Meisseln werden Sie eine Hobelbank, einen Schlegel, Schraubzwingen, Schnellhalter usw. benötigen. Ein bis zwei Messer mit feiner, langer Spitze sind unentbehrlich, um spitze, kleine Winkel sauber bearbeiten zu können. Loch- oder Riffelfeilen sind bei unangenehmen Hohlungen oder Ekken von Nutzen und, wo nötig, Schleifpapier. Eine biegsame Welle wird Ihnen die Arbeit in kleinen Vertiefungen und Löchern sehr erleichtern. Tatsächlich werden grosse Bereiche oder gar ganze Schnitzereien in dieser Art hergestellt. Ein Oberfräser wird für den Hintergrund grosse Zeitersparnis bringen, obwohl hier viel Routine in der Handhabung dieses Gerätes sehr wichtig ist.

Das Schleifen der Meissel ist von grösster Bedeutung. Dies wurde im Buch *Techniken des kreativen Holzschnitzens* besprochen. Ich will hier nur noch erwähnen, dass ich seither meine Schleifmaschine leicht abgeändert habe. Jetzt verwende ich eine Scheibe, die mit einem feinen selbstklebenden Schleifpapier beschichtet ist; auf dieser erhalte ich den Schleifbart. Danach ziehe ich die Meissel auf einer Filzscheibe ab, die ich vorher mit Schleifpaste belegt habe. Hiermit erhalte ich eine maximale Schnittfläche, ohne dass die Fase abgerundet wird, wie beim wiederholten Polieren auf der Tuchscheibe. Für Hohl- und V-Eisen habe ich noch einige Abziehsteine.

Die Auswahl des Holzes für Reliefs fällt leichter als für dreidimensionale Stücke. Heute erhält man fast von jeder Holzart problemlos Bretter. So kann man nach Lust und Laune experimentieren. Lindenholz ist anfangs sicher die richtige Wahl. Erstens ist es billig und zweitens leicht zu beschnitzen. Obwohl ich mit jedem Holz arbeite, ist englischer Nussbaum mein Lieblingsholz.

Meisselauswahl (nach Schweizer Numerierung)

Nr. 12	Geissfuss oder V-Eisen	8 mm
		2 mm
Nr. 9	Schale	13 mm
Nr. 7	Schale	14 mm
Nr. 3	Schale	12 mm
		5 mm
Nr. 1s	Flacheisen abgeschrägt	5 mm
Nr. 2a	Flacheisen gekröpft	8 mm
		2 mm
Nr. 11	Bockfuss oder Hohleisen	3 mm
		1 mm
Nr. 8	Schale	4 mm
Nr. 2	Flacheisen	8 mm
		2 mm
Nr. 3F	Blumeneisen (für Haarstriche)	8 mm

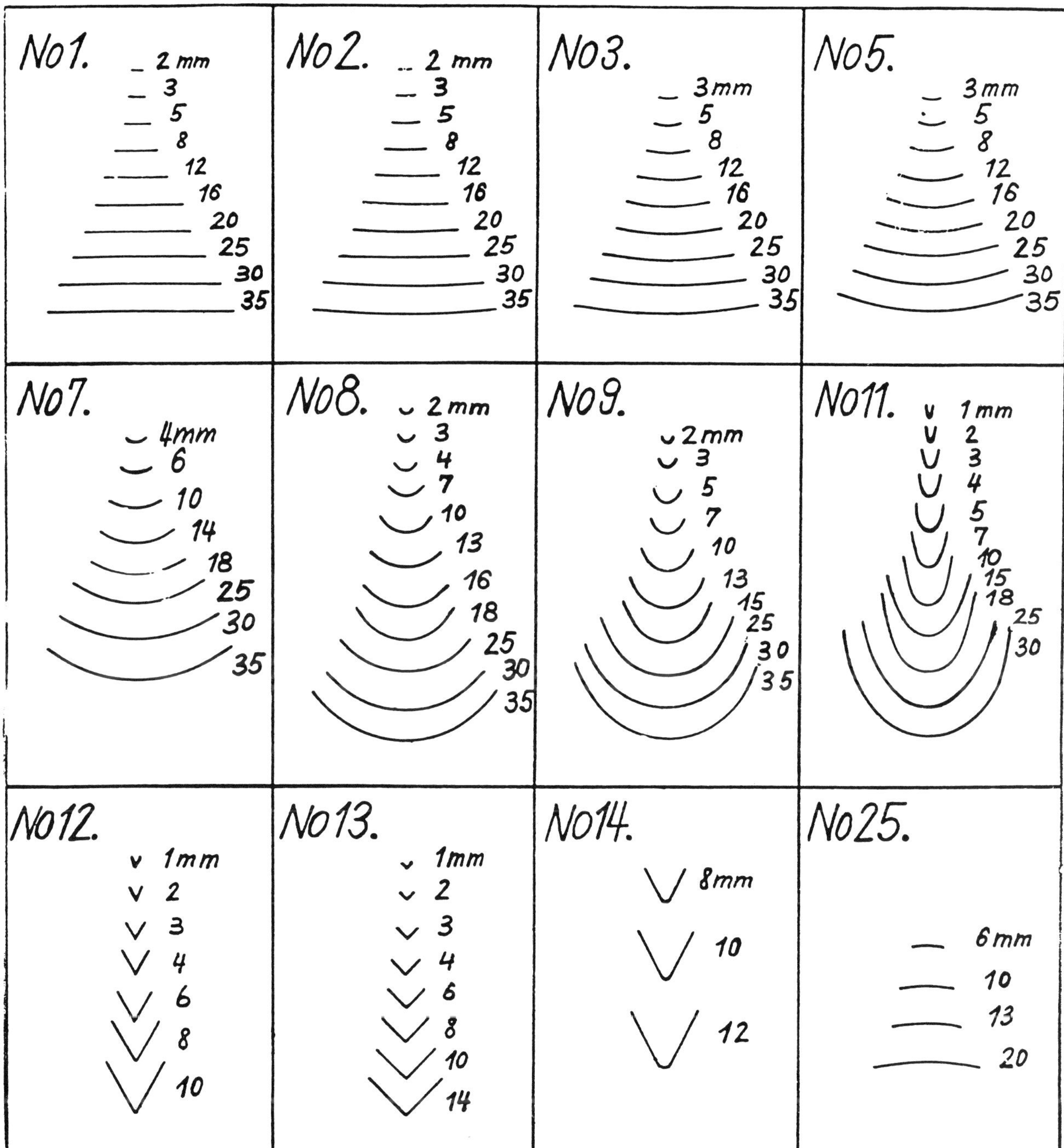

Abbildung 13: Werkzeugformen (nach Schweizer Numerierung)

2. Der Geissfuss (V-Eisen)

Der Geissfuss, der eigentlich die gleiche Aufgabe hat wie der Fräser eines Graveurs, ist ein sehr nützliches Werkzeug. Leider wird er oft falsch eingesetzt. Zum Beispiel sieht man öfters, dass die Blattnerven oder der Zwischenraum zwischen den Fingern einer Hand mit einem Geissfuss gemacht sind. Diese Zwischenräume sind abgerundete Formen. Der Geissfuss hinterlässt einen geraden, unnatürlichen Eindruck; er eignet sich deshalb ausgezeichnet für Linien oder für Ecken. Ein scharfes Werkzeug in gewandter Hand kann fast wie ein Schreibzeug gebraucht werden.

Selbstverständlich haben die bei der Maserung erwähnten Regeln für das V-Eisen absolute Gültigkeit. Es gibt aber eine Vielzahl von Hölzern, die es erlauben, leicht und sauber in irgendeiner Richtung beschnitzt zu werden. Das Werkzeug zu schärfen, ist aber immer ein Problem. Wenn es beim Schleifen so wie zwei zusammengesetzte Flacheisen behandelt wird, entsteht unten meist eine kleine Spitze. Diese kann mit einem kleinen Ölstein sorgfältig entfernt werden. Wenn aber das Werkzeug so geschärft wird, als ob es eine Schale mit hohen geraden Wangen wäre, wird keine Nase entstehen.

Zum Schärfen legen Sie das Werkzeug seitwärts auf den Schleifstein, nach einiger Zeit – immer weiter honend – drehen Sie es langsam über den V auf die andere Seite. Wenn das Honen beendet ist, muss der Schleifgrat von der Innenseite mit einem entsprechenden Abziehstein entfernt werden. Dies muss gefühlvoll und gemächlich geschehen, sonst läuft man Gefahr, dass die Schnittkante uneben wird. Nur beim Gebrauch entscheidet sich, ob ein Werkzeug scharf ist; ein sauberer, pfeifender Ton ist unverkennbar, wenn es durch ein Stück Weichholz gestossen wird.

Geradlinige Arbeit – Kirche

Das erste Objekt verhilft zur Übung mit dem V-Eisen; es wurde wegen seiner geraden Linien ausgewählt (Kurven sind zweifelsohne viel schwieriger). Die Zeichnung stammt aus einem kleinen Touristenführer und lässt sich mit einem Raster oder Fotokopierer vergrössern. Ich verwendete Feldahorn, ein zähes Hartholz, das aber fein gemasert ist und dadurch einen sauberen Schnitt gewährt. Ich schliff es fein und erhielt dadurch eine glatte Oberfläche, worauf ich die Zeichnung durchpauste.

Jetzt, wenn das Brett mit einer Schraubzwinge oder mit den Klemmschrauben befestigt ist, kann die Arbeit beginnen. Wenn immer möglich, sollte die nähere Umgebung der Oberfläche von Hindernissen (Schraubzwingen, Schnellhalter usw.) frei sein. Halten Sie das Werkzeug mit beiden Händen! Die eine umschliesst von oben stossend den Griff, die andere zurückziehend das obere Ende des

Schaftes. Mit dem Meissel im Gleichgewicht zweier entgegengesetzter Kräfte erhalten Sie die bestmögliche Kontrolle über das Werkzeug (Abbildung 14).

Da die Arbeit nicht an einem bestimmten Punkt begonnen werden muss, werden logischerweise die Grundformen zuerst gemacht, bevor man sich dann an die Details wagt. Ein praktischer Vorteil liegt darin, dass jeder Schnitt in einen vorhergehenden hineinläuft; wenn beispielsweise eine «T»-Linie zu schnitzen ist, wird zuerst der obere Strich gemacht, bevor man den unteren von unten nach oben ausführt. Viele Längsschnitte müssen dann mit einem Messer oder abgeschrägten Meissel beendet werden.

Es ist sehr wichtig, dass die Linien in verschiedenen Breiten ausgeführt werden.

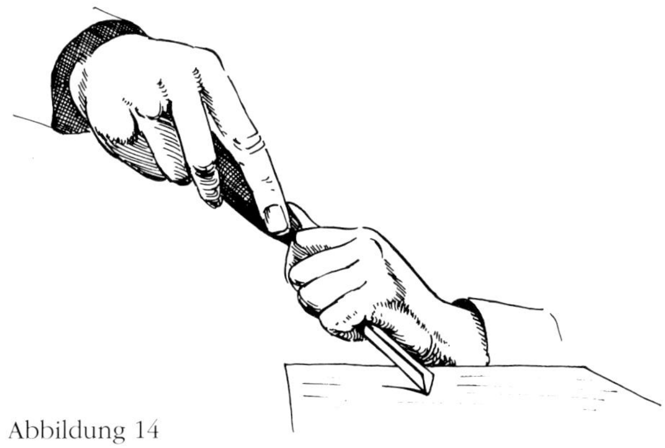

Abbildung 14

Gleichmässigkeit wirkt fad und leblos. Sehen Sie sich einige Bleistift- oder Kohlezeichnungen an; Sie werden sehen, dass die Künstler durch gefühlvollen Gebrauch der Linienbreite einer Zeichnung Spannung und Leben vermitteln.

Wenn die Schnitzerei beendet ist, wird das

Abbildung 15

Ganze nochmals fein geschliffen, um jegliche überflüssigen Spuren (Bleistift) zu beseitigen.

Die abgebildete Schnitzerei (Abbildung 15) behandelte ich zweimal mit Lack, wobei ich die Lackansammlung in den Schnitten beliess. Nach dem Trocknen erhielt ich durch das nochmalige Schleifen, Wachsen und Polieren des ganzen Brettes eine dunkelbraune Patina in den Schnitten, die sich deutlich von der weissen Oberfläche abhob.

Obschon dies vermutlich die einfachste Form der Schnitzerei ist und Geradeaus-Gravur genannt werden kann, ist sie eine befriedigende und hilfreiche Einführung ins Handwerk. Beispiele findet man auf antiken Möbeln oder anderen Gegenständen. Die Grundlagen können auf verschiedene Arten erweitert werden: Das Holz kann zuerst dunkel gebeizt oder gar bemalt werden, bevor man es beschnitzt. Man erhält ein helles Sujet auf dunklem Grund. Im Gegensatz dazu können die Schnitte gebeizt, bemalt oder mit einem farbigen Material wie Harz gefüllt werden, so zum Beispiel bei Möbeln, Modeln, Drechslerwaren usw. Reliefschnitzereien von Kirchen und Häusern in wunderschönem Holz finden bestimmt einen regen Absatz.

Runde Arbeit – Löwe

Es ist schwierig, abgerundete Linien mit dem Geissfuss zu bearbeiten. Das Motiv in Abbildung 16 wird dem Anfänger helfen, die nötigen Erfahrungen zu sammeln.

Abbildung 16: *Löwe* – Arbeit mit Rundungen. Mit freundlicher Genehmigung von Mr und Mrs G. Dawes.

Ist das Motiv aufgezeichnet, beginnen wir wiederum mit den Hauptlinien wie Rückgrat, Rumpf und Beine. Das Werkzeug muss von der Oberfläche langsam ins Holz gedrückt werden, damit bekommt der Schnitt ein spitzes Ende. Ähnlich muss der Meissel am Ende eines Schnittes langsam auslaufen, um denselben Effekt zu erreichen. Ebenfalls soll in den Rundungen die Breite der Schnitte variieren, um dem Löwen flüssige, lebende Linien zu geben. Es ist schwierig, einer gebogenen Linie genau zu folgen, ohne ein fahles Aussehen zu erhalten; siehe zum Beispiel den Unterschied zwischen einer Freihandzeichnung und einer Pause davon. Deshalb ist es besser, Spontaneität und Flüssigkeit der Genauigkeit vorzuziehen. Anders gesagt: Beginnen Sie mit Schwung, lassen Sie es gut sein, wenn der Meissel ein bisschen neben die Linie gelangt, und versuchen Sie nicht krampfhaft, ihn wieder genau auf die Linie zu bringen, denn der Schwung geht dadurch verloren. Es ist vielleicht nicht genau, aber es wird besser aussehen.

Offensichtlich kann eine gerade, flache Werkzeugklinge keine Rundungen schneiden, ohne auf der Aussenseite der Rundung einen enormen Druck auf das Holz auszuüben. Vor allem bei kleinen Radien spielt dies eine wesentliche Rolle. Hier wird die Aussenseite der Rundung durch den Meissel aufgerissen und rauh. Der Gebrauch einer kleinen Schale wird unumgänglich, um mit zwei Schnitten den Schnitt des V-Eisens nachzuahmen. Dies war bei den Krallen und Zähnen des Löwen der Fall (Abbildung 17).

Abbildung 17

Fortgeschrittene Arbeit mit dem Geissfuss – stehender Kelch

Die genaue Verwendung solcher Kelche ist nicht bekannt. Es wird angenommen, dass es sich um kunstvoll hergestellte Abendmahlkelche handelt. Abendmahlkelche aus Holz wurden aber 1071 durch die Ordensregeln von Winchester, lange bevor stehende Kelche hergestellt wurden, verboten. Edward H. Pinto, Autor von *Treen and Other Wooden Bygones* behauptet, dass diese Kelche Bestandteil der Ehrenzeichen einiger auserwählter Gesellschaften im 17. Jahrhundert waren. Sie stammen alle aus dieser Epoche, und die meisten tragen das königliche Wappen und Abbildungen von Tieren, die aristokratische Familien darstellen.

Was auch immer deren Zweck war, ihre Höhe betrug im Normalfall zwischen 350–500 mm, der Durchmesser 125–250 mm; sie waren aus Birnbaum, Kirschbaum, Ahorn oder Platane. Sie bestanden aus Fuss, Stiel, Becher mit

Deckel und Griff, der üblicherweise hohl war und als Gewürzbecher, auch mit Deckel, gedient haben könnte. Die Drechslerei ist bei den früheren Exemplaren sehr fein, später aber ziemlich grob ausgeführt worden. Die Gravuren sind extrem fein und kompliziert. Nebst reichhaltigen, dekorativen Arbeiten findet man Wappenschilder, Vögel, Tiere, Blätter, Blumen und ausnahmslos lange Spruchbänder mit religiösen Texten (beachte Abbildung 156). Es ist unklar, ob die Motive mit Schnitzwerkzeugen geschnitzt oder mit einem Löteisen gebrannt wurden. Mir scheint jedoch, dass diverse Kerben zu tief sind, um mit einem Löteisen gebrannt zu sein.

Der abgebildete Kelch (Abbildung 18), wurde vom Organisator verschiedener Ausstellungen über die Artus Sage, in der der Grals-Kelch eine wichtige Rolle spielt, in Auftrag gegeben. Er sollte auf einem schmiedeeisernen Sockel in der Mitte des runden Tisches stehen. Die Dekorationen bezogen sich auf die Legende.

Als Grundlage für den abgebildeten Kelch diente ein Exemplar aus dem 17. Jahrhundert, das mit Wappenbildern und Zeichen ergänzt wurde.

Auf dem Gewürzbecher finden wir einen Löwen und eine Taube (Abbildung 19). Der Deckel weist nur stilisierte Blattmotive auf. Der Kelch selbst ist auf einer Seite mit einer Gravur verziert, die eine Himmelstaube darstellt, die in den Gral hinunterfliegt, und von einem byzantinischen Steinbild übernommen wurde (Abbildung 20). Auf der andern Seite steht ein

Abbildung 18: Mit freundlicher Genehmigung von Mr I. Robertson.

Abbildung 19

Abbildung 21

Abbildung 20

Hirsch mit einem Kruzifix zwischen dem Geweih (Abbildung 22), ein bekanntes mittelalterliches Symbol für Christus. Über diesen Ausführungen finden wir ein Schriftband, das mit einem Geissfuss unter gelegentlicher Mithilfe eines kleinen Hohleisens geschnitzt wurde. Die eingravierten Worte sind LUMIN ULTRA LUMENS, ein Zitat, das in Zusammenhang mit dem Gral steht. (Beachte auch das Kapitel über Schriften.) Der Stiel (Abbildung 21) ist mit abstrakten Mustern und Blättern beschnitzt, während der Sockel die vermuteten Wappen von Galahad, Parzival und Bors, den einzigen Rittern der Tafelrunde, die den Gral gefunden haben, trägt. Zwischen den drei Schildern stehen fünfblätterige Rosen, alte Zeichen des Friedens.

Abbildung 22

Abbildung 23

Das gelbliche und für diese Arbeit traditionelle Birnbaumholz war die logische Wahl. Um die rosa-gelbliche Farbe noch zu betonen, wurde der Kelch mit bernsteinfarbener Möbelpolitur behandelt.

Das Drechseln der Einzelteile ist einfach (Abbildung 23). Für das Schnitzen können sie in der Hobelbank eingespannt oder auf ein Stück Restholz geschraubt werden. Ausser für einige kleine Winkel, für die eine Messerspitze verwendet wurde, wurde die ganze Schnitzarbeit mit einem Geissfuss bewältigt. Birnbaumholz ist für eine solche Arbeit ideal. Ohne zäh zu sein, ermöglicht es einen sauberen, feinen Schnitt.

Ist die Schnitzerei fertig, pinseln Sie braunen Lack auf, lassen ihn trocknen und reiben die Schnitzerei mit 300er Schleifpapier ab. Wiederholen Sie diesen Vorgang, bis Ihnen die gekerbten Linien dunkel genug erscheinen. In meinem Fall habe ich vier Überzüge gegeben. Nach dem letzten Abreiben geben Sie nochmals zwei Schichten Möbelpolitur darüber, und verreiben Sie diese mit feiner Stahlwolle, bevor Sie das Ganze einwachsen.

Diese Art von Dekoration ist einfach und schnell gemacht. Hier liegt für den Schnitzer ein grosses Potential vor, speziell für den Anfänger, der diese Arbeiten auf vielen anderen Gegenständen anwenden kann und ein Minimum an Ausrüstung und Erfahrung braucht. Auf der andern Seite kann der Kunsttischler, Drechsler oder Schreiner diese Dekoration seinen eigenen Formen anpassen.

Einführung in das ägyptische Relief – Fische

Der nächste Schritt nach dem einfachen V-Schnitt liegt darin, die Schnitzerei leicht zu formen – mit andern Worten: der Aussenlinie entlang einen tiefen V-Schnitt anzubringen und die Innenkante dann abzurunden. Dies ergibt ein Flachrelief, das in einen Holzblock eingelegt zu sein scheint (Abbildung 24). Das Formen ist sehr einfach, da es nur ein bis zwei flache Hohleisen braucht (Abbildungen 25 und 26). Die Details im Motiv werden in derselben Art geschnitzt (Abbildung 27).

Ich verwendete Libanon-Zeder. Dieses Holz ist nicht unbedingt geeignet für Arbeiten mit dem Geissfuss, denn ohne genügend Sorgfalt wird es sich spalten, wenn die Schnitte gegen die Maserung führen. Die saubersten Schnitte erhält man, wenn man jeden Schnitt von der Gegenseite wiederholt, indem man die rauhe Seite des ersten Schnittes ausglättet. In den Ecken nahm ich meistens ein Messer zu Hilfe, um auch hier zu sauberen Abschlüssen zu kommen. Die Schnitzerei kann dann vorsichtig geschliffen und mit Wachs poliert werden. Zeder ist ein schönes Holz, bei dem das Muster der Maserung stark auffällt. Ich kann es jedoch nicht für feine Arbeiten empfehlen.

Abbildung 24

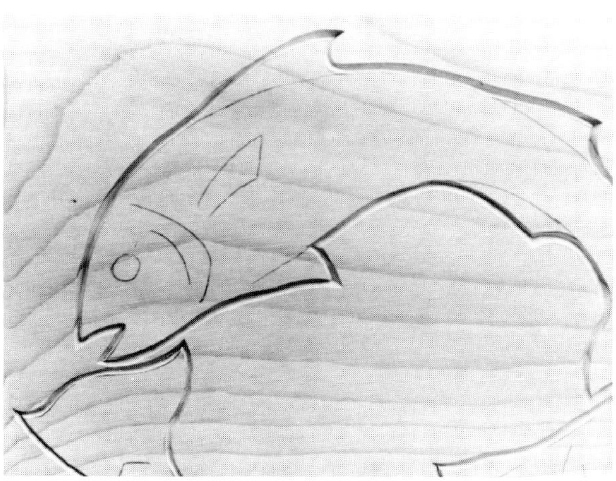

Abbildung 25

Abbildung 26

A — A

Abbildung 27

Fortgeschrittene Arbeit – ägyptisches Relief – Tutenchamun-Paneel

Als 1922 das Grab Tutenchamuns geöffnet wurde, war die Welt über die Schönheit und Kunstfertigkeit des Inhalts sehr erstaunt. Die ägyptische Kunst bekam wieder frischen Aufwind. Es war ja das erste noch ungeplünderte wichtige Grab, das entdeckt wurde. Persönlich verurteile ich Grabschändung, doch tritt dies ob der zu Tage geförderten Schätze in den Hintergrund. Holzarbeiten, Möbel und Schnitzereien sind prächtig. Es ist nicht die primitive Kerbschnitzarbeit einer steinzeitlichen Gesellschaft, sondern das hochentwickelte Produkt einer Zivilisation, die, schon als Tutenchamun geboren wurde, 3000 Jahre alt war. In seiner *History of Egypt* sagte der Archäologe Flinders Petrie: «Sie sind einzigartig in ihrer Herrlichkeit; weder konnte sich eine selbstbewusste Zivilisation mit ihnen gleichstellen, noch kann eine hoffen, dies je zu tun. In ihrer unendlichen Grösse werden sie alle zukünftigen Arbeiten dieser Art überleben.»

Das Relief (Abbildung 28), das ich kopierte, stammt von der Rückwand einer Zedernholzkassette aus dem Kairo-Museum. Das Originalmotiv hat eine Grösse von etwa 300 mm im Quadrat. Es stellt den Gott Onnophris dar, «den Führenden des Westens, den grossen Gott, Herr der Necropolis», besser bekannt als Osiris. Ihm gegenüber der tote König mit Krone, breitem Kragen, flatterndem Band und Rock. Der Rock mutet eher seltsam an, doch wurde er tatsächlich gestärkt und vorn zu einer Spitze geformt. Er reicht dem Gott Lampe und Gefäss. Der Gott trägt eine Krone mit Straussenfedern. An seinem Kinn ist ein künstlicher Bart befestigt. Aus dem langen weissen Kleid ragen die Hände heraus. Die eine hält einen langen Stock, die andere einen Dreschflegel. Zwischen den beiden steht ein Sockel mit einer Vase, deren Speirohr die Form einer Straussenfeder aufweist, gleichbedeutend für Wahrheit und Gerechtigkeit. Über den beiden Figuren befinden sich Hieroglyphen.

Da ich nur ein Foto aus einem Buch zur Hand hatte, musste ich das Motiv sorgsam kopieren, immer wieder nachmessen und vergrössern. Verschiedene Punkte wurden mir dadurch bewusst. Der Sockel steht beispielsweise in der Mitte der Zeichnung, und das Zentrum der Vase befindet sich genau im toten

Punkt, auf gleicher Höhe mit den Fingerspitzen der das Gefäss haltenden Hand und der Linie zwischen den Hieroglyphen. Ein Kreis, am Griff der Vase zentriert, streift den oberen Teil des Sockels und die Ellenbogen der Figur. Ein grösserer Kreis streift die untere Kante der Hieroglyphen und folgt dem vorderen Teil der beiden Körper. Schliesslich streift ein dritter Kreis die obere Kante der Hieroglyphen, den linken Ellenbogen Osiris und die Ecke des Schals an Tutenchamuns Rücken. Beachten Sie auch, dass die Augen genau waagrecht zueinander und zur unteren Kante der Hieroglyphen stehen. Die Ellenbogen befinden sich in einer horizontalen Linie, und deren Winkel sind mit den Winkeln von Stock und

Abbildung 28

Dreschflegel sehr ähnlich, was eine ganze Reihe von Dreiecken ergibt. Zudem beträgt der Abstand Oberkante Füllung – Unterkante Hieroglyphen genau gleich viel wie derjenige der Unterkante der Hieroglyphen zu den Ellenbogen. Das gleiche gilt für den Abstand zwischen Ellenbogen und Kiltsaum und von diesem zur Unterkante der Füllung. Nachforschungen bei ägyptischen Reliefmalereien und -schnitzereien ergaben, dass die Hauptfiguren jeweils auf einem exakten Gitter achtzehn Quadrate hoch aufgezeichnet wurden. Die horizontalen Linien dieser Gitter kreuzten immer bestimmte Körperteile; zum Beispiel den Haaransatz, die Schultern, die Knie usw. Die Körperteile haben immer präzise Längen und Dicken: die Füsse drei Quadrate, die Vorderarme fünf Quadrate. Die ganze Füllung beruht viel mehr auf Geometrie als dies im ersten Augenblick den Anschein hat. In all diesen Arbeiten kommt ein enormes Interesse für Ausgeglichenheit und für streng geregelte und stilisierte Symbole zum Ausdruck.

Als Schnitzerei ist dieses Relief anspruchsvoller als die vorangegangenen. Im Grunde genommen ist es ein flaches Relief, ohne Hinabsetzung des Hintergrundes. Sicher nimmt es viel weniger Zeit in Anspruch als ein normales Relief. Der Zeitfaktor scheint aber im alten Ägypten keine Rolle gespielt zu haben. Die Ägypter waren ganz sicher auch fähig, erhabene Reliefs zu schnitzen, und haben dies gelegentlich auch getan.

Ich wählte Wurzel-Maser-Ulme, 50 mm dick und 500 mm im Quadrat, und zwar erstens, um die Schnitzerei mit der Schönheit des Holzes zu unterstützen, und zweitens, um ein monolithisches Aussehen zu erhalten. Die Schnitzerei ist ziemlich einfach. Die meisten Schnitte können unter Mithilfe eines Messers mit dem Geissfuss gemacht werden. In Abbildung 29 sieht man die V-Schnitte am linken Arm und den mit einem Flacheisen zurückgesetzten Körper. Abbildung 30 zeigt den ausgerüsteten Kopf vor dem Formen und Abbildung 31 den fast fertigen Kopf. Das Schnitzen mit dem Messer wird anhand des Stockes in Abbildung 32 gezeigt. Dabei ist hier interessant, wie der untere Teil des Stockes

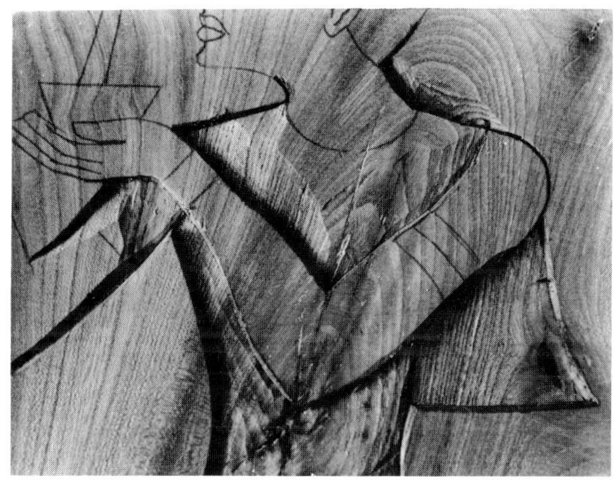

Abbildung 29

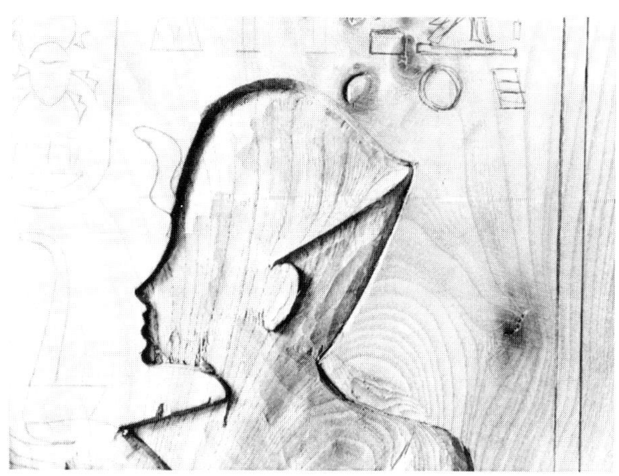

Abbildung 30

Abbildung 31

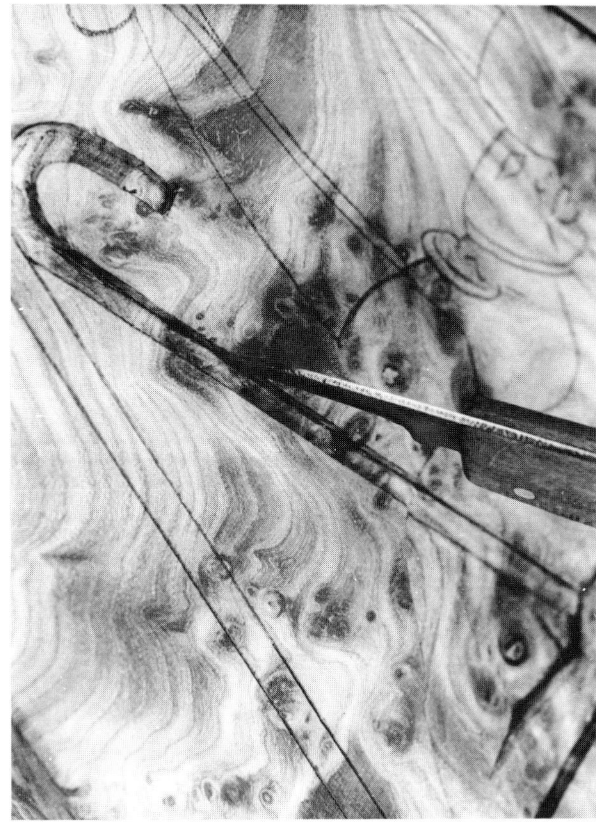

Abbildung 32

über dem Körper erhaben ist, und der obere über den Schultern immer tiefer ins Holz eingeritzt ist. Abbildung 33 zeigt die einfache Bearbeitung des sonderbar scheinenden Kilts.

Da die Oberfläche fein geschliffen ist, wurden die geschnitzten Teile ungeschliffen belassen. Die Hieroglyphen wurden einfach eingekerbt, ohne zu sehr auf Genauigkeit zu achten. Die Inschrift auf dem unteren Teil der Schnitzerei stellt keine Ansprüche. Das 6. Kapitel, *Schriften,* befasst sich eingehend mit dieser Technik. Der Schriftzug wurde mit Goldfarbe patiniert, das übrige Relief mit Teaköl behandelt (Abbildung 34). Das Projekt fand ich faszinierend; vor allem eröffnete es mir eine Quelle für weitere Arbeiten.

Abbildung 33

Abbildung 34: Mit freundlicher Genehmigung von Mr D.C.C.Wilson.

3. Flachreliefs

Einführung in das Flachrelief – Wappen

In all den vorangehenden Werken war nur das Motiv zu schnitzen, und das Holz des Hintergrundes blieb unangetastet – mit andern Worten: Sie haben ein Relief hergestellt, das im Holzblock versank. Die nächste Stufe besteht nun darin, die Schnitzerei aus dem Holz herauszuheben.

Wenn Sie ein ägyptisches Relief schnitzen und dann den Hintergrund auf die Tiefe der V-Schnitte hinabsetzen, haben Sie ein Flachrelief hergestellt. Sie haben ein Motiv, das sich nur leicht vom Hintergrund absetzt. Es gibt keine eigentlichen Unterschiede zwischen mittleren oder Mezzo-Reliefs und Flachreliefs. Es gibt einige wirklich flache Reliefs; den Kopf einer Münze zum Beispiel oder eine Reliefschnitzerei auf einem Wandschrank.

Dieses einfache Wappen gibt die Grundsätze eines Flachreliefs wieder. Wie in Abbildung 35 zu sehen ist, besteht es aus einem Löwenkopf mit Lilienumrandung. Eigentlich könnte es, wie die vorhergehenden Reliefs, nur eingekerbt werden. Der kleine Unterschied liegt darin, dass der Grund geviertteilt und zweifarbig ist und eine heraldische Bedeutung hat, während die andern Reliefs überhaupt keinen Hintergrund hatten. Aus diesem Grunde wurde der Hintergrund leicht hinabgesetzt; die Vierteilung kann mit dem Einrahmen der farbigen Flächen unterstützt werden.

Das Wappen, Kennzeichen der heraldischen Gesellschaft, wurde auf einem Eichenbrett aufgezeichnet, das leicht bombiert gehobelt wurde. Die Umrisse wurden sorgfältig mit etwa 4 mm tiefen V-Schnitten umfahren. Ausführliches Arbeiten mit dem Messer, dem abgeschrägten Flacheisen und ein bis zwei Hohleisen sind für die Ecken unumgänglich.

Abbildung 35

Wenn die Umrisse gelöst sind, muss der Hintergrund hinabgesetzt werden (Abbildung 36). Auf einem solch flachen Relief kann ein 6-mm-Meissel Nr. 3 oder 2 verwendet werden. Es ist jedoch Vorsicht am Platz! Man beginnt bei den grossen Flächen, um dann die immer kleiner werdenden Ecken problemlos bearbeiten zu können (Abbildung 37). Bei noch grösseren Flächen könnte ein Oberfräser zur Anwendung kommen; ich komme später darauf zurück.

Abbildung 36

Ist der Hintergrund hinabgesetzt und schön ausgeebnet, kann man zu den Details des Motivs übergehen: Die Form des Gesichts umfahren und formen; die Augen sind mit einem Hohleisen zu schnitzen, und mit einem Geissfuss kerbt man die Mitte der Lilienblätter auf und formt die Mähne. Die Zunge wird eingekerbt und der Mund leicht ausgehöhlt. Wenn gewünscht, kann das Relief geschliffen und der Hintergrund punziert werden.

Hier haben wir die Grenzen des Geissfusses bereits erreicht. Es bringt keine Vorteile, mit diesem Werkzeug tiefere Reliefs zu schnitzen; es ist einfacher, die Techniken von mittleren und Hochreliefs anzuwenden. Trotzdem lassen sich mit dieser Methode raffinierte und komplexe Arbeiten ausführen, wie das nächste Projekt zeigen wird.

Abbildung 37

Flachrelief, fortgeschrittene Arbeit – Kennzeichen der königlichen Pioniere

Flachreliefs werden häufig in der Modellgiesserei angewandt, früher vor allem wenn Dekorationsgegenstände in Gips, Gusseisen, Messing, Bronze oder anderen Materialien gegossen wurden. Betrachtet man die feinen Namensschilder aus Messing an Geldschränken, die Verzierung an den Decken vornehmer Häuser oder die eisernen Geländer rund um Musikpavillons, vergisst man oft, dass jemand das Original schaffen musste. Häufig waren dies Holzbildhauer. Die einfachste Form, Metall zu giessen, ist in Sand. Das geschnitzte Original wird in einen mit Sand gefüllten Rahmen gedrückt und hinterlässt einen perfekten Negativabdruck. Das flüssige Metall wird dann in dieses Negativ gegossen. Obschon neue Techniken dieses Vorgehen weitgehend ersetzt haben, ist es weit verbreitet und die Nachfrage nach Modellmachern immer noch vorhanden.

Die *Severn Valley Railway* restaurierte eine Lokomotive, die von den Königlichen Pionieren in Persien während des Krieges benützt wurde. Im September 1986 wurde die Maschine den im Krieg gefallenen Bahnarbeitern gewidmet. Eine bronzene Gedenktafel mit dem Kennzeichen der Königlichen Pioniere wurde an der Lokomotive angebracht. Um das Kennzeichen giessen zu können, benötigte man ein Model. Ich wurde beauftragt, ein solches in etwa 90 mm Durchmesser und 6 mm Dicke zu schnitzen.

Buchsbaumholz war naheliegend für diese Art Arbeit, weil die feine harte Maserung auch das Schnitzen von kleinsten Details ermöglicht.

Das Kennzeichen wird auf ein passendes Stück Holz aufgezeichnet. Das ganze Motiv wird dann ausgesägt und auf einen Holzblock aufgeleimt. Damit es später problemlos wieder entfernt werden konnte, legte ich Papier in die Leimfuge (Abbildungen 38 und 39). Um die feinen Details schnitzen zu können, benötigte ich nur die kleinsten Meissel, das heisst von 6 mm an abwärts.

Abbildung 38

Abbildung 39

Abbildung 40

Abbildung 41

Die erste Stufe war, Krone, Gürtel, Schriftrolle und Innenseite der mittleren Blätterreihe freizumachen. Nun konnten die überlappenden Blätter geschnitzt und die feinen Blattnerven mit einem 1,5 mm Geissfuss beidseitig gekerbt werden (Abbildungen 40). Wiederum machte ich in den kleinsten Ecken Gebrauch von einem spitzen Messer. Die winzigen Beeren waren äusserst schwierig zu gestalten und konnten nur mit einer Nr. 3/1,5 mm geschnitzt werden. Als nächstes kam die Krone dran (Abbildung 41).

Dies ist nicht die Art Schnitzerei, in der man eine Reihe Schnitte ausführen und die Formen im Entstehen sehen kann. Die Arbeit besteht vielmehr darin, mit einer Vielfalt an kleinsten Werkzeugen herumzutrödeln, um Späne zu entfernen, die man kaum sieht. Sicher kann man noch kleiner und feiner schnitzen als in diesem Beispiel, doch werden auch besondere Werkzeuge gebraucht.

Die Inschrift stellte sich für mich als die schwierigste Arbeit heraus, weil die Fehler sofort sichtbar werden. Die Umrisse der Buchstaben wurden mit feinen Meisseln umfahren, bevor die Zwischenräume grob weggeschnitzt und mit einem geschmirgelten Nagel gehämmert wurden. Die Serifen der Buchstaben – eher wie dreieckige Klumpen an den Ansätzen – sind nicht sehr gut (Abbildung 42).

Wichtig für ein Gussmodell ist, dass alle Kanten leicht schräg nach aussen angesetzt werden; es darf auf keinen Fall hinterschnitten werden, nicht einmal senkrechte Kanten sind erlaubt, denn sonst wird die Sandform beim Herausnehmen des Modells beschädigt (Abbildung 43). Genauer betrachtet war dies nicht eine einfache Arbeit, und ich wendete viel Zeit zum Schleifen, Feilen und Hämmern des Hintergrundes auf. Immer kam es zu Verbesse-

Abbildung 42: Mit freundlicher Genehmigung der Severn Valley Railway.

Abbildung 44

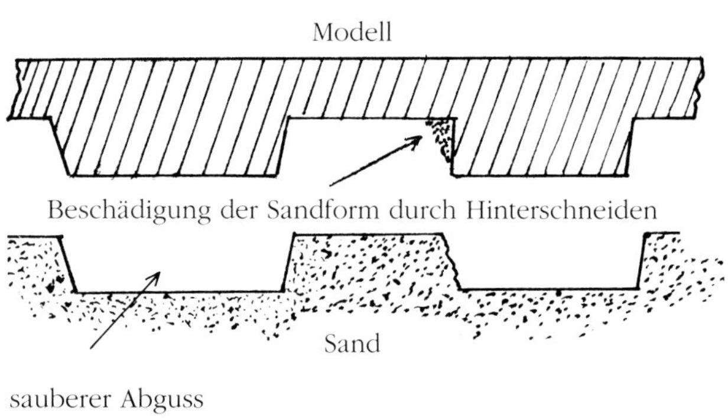

Abbildung 43

rungszwecken von der Giesserei zurück, und beim fertigen Gussstück zeigen kleine Sandkörner noch Fehler auf. Trotzdem lohnt sich der Versuch dieser interessanten Technik, nicht zuletzt deshalb, weil Messing- und Bronzeguss relativ billig sind. Abbildung 44 zeigt den Bronzeabguss.

Abbildung 45 zeigt einen alten Model zur Herstellung von Gipsblumen. Hier wurde ein Negativ in Holz geschnitzt, so dass der Gips direkt in die Schnitzerei gepresst werden kann. Gipsblumen lassen sich auf diese Weise in einem Arbeitsgang herstellen.

Eine andere Variante sieht man in Abbildung 46. Bei dieser japanischen Reisform wurde auch direkt eine Negativform geschnitzt. Diese Art Schnitzerei nennt man Intaglio.

Abbildung 45

Abbildung 46

Flachrelief, modellieren

Die bisherigen Schnitzereien erheben keinen bildhauerischen Anspruch. Es ist eher ein Beschnitzen der Oberfläche, um ein Licht- und Schattenspiel zu kreieren, das in einer visuellen und hoffentlich in einer interessanten dekorativen Art Informationen vermittelt. Ohne den künstlerischen oder ästhetischen Wert zu schmälern, besteht kaum Zweifel an der Tatsache, dass Reliefschnitzerei von den meisten Leuten als eine aus dem Hintergrund geformte Veranschaulichung der Realität betrachtet wird.

Es gibt wenige feste Prinzipien in der Reliefschnitzerei. Es ist ein Prozess aus starkem Einfühlungsvermögen und genau aus diesem Grunde schwer zu erklären. Das folgende Beispiel zeigt einige der Schwierigkeiten für den Anfänger auf und die Methode, sich durch die anfallenden Probleme durchzuarbeiten.

Zylinder, Kugel und Würfel

Die Zusammensetzung in Abbildung 47 zeigt einen Zylinder, eine Kugel und einen Würfel auf einem flachen weissen Tisch. Zuerst zeichnen Sie sie in gewünschter Grösse und richtiger Perspektive und übertragen sie dann auf ein Brett aus Lindenholz (Abbildung 48A).

Abbildung 47

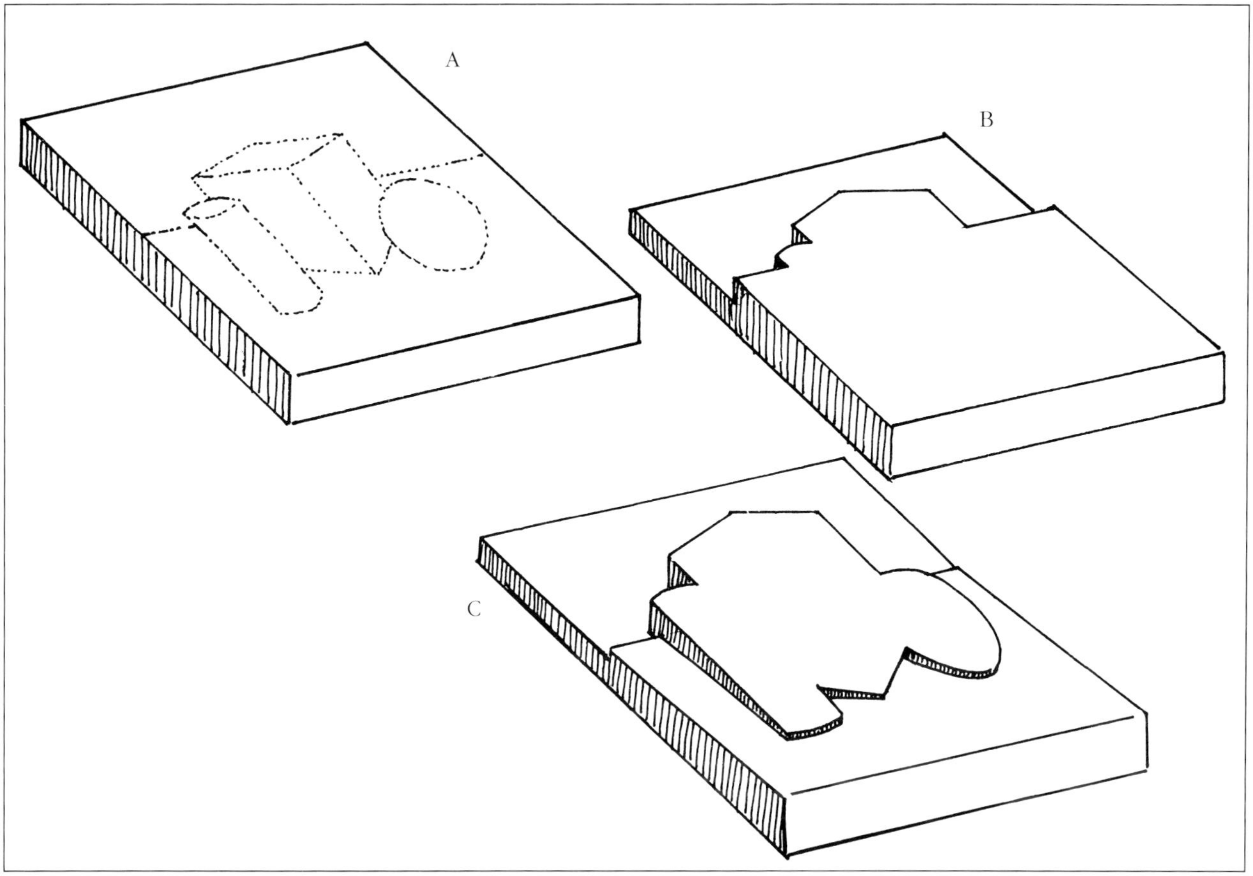

Abbildung 48

Abbildung 49

Die erste Arbeit besteht darin, im oberen Teil den Hintergrund von Hand oder mit dem Oberfräser auf die halbe Dicke des Brettes zurückzuversetzen (Abbildungen 48B und 49). Dann müssen einige Entscheide betreffend des Tischwinkels und der anderen Teile in bezug zur zurückversetzten Oberfläche, und wie alles zusammenpassen soll, gefällt werden.

In diesem Fall entschied ich, die Tischfläche von der Maximaldicke am unteren Ende des Brettes zur oberen Kante des Tisches hin zu verjüngen, das heisst bis in die Mitte des Brettes. An diesem Punkt beträgt die Differenz vom Tisch zum Hintergrund 3 mm. Dies bedarf eines geraden Hinabstechens entlang des Zylinders, der Kugel und des unteren Endes des Würfels, um dann der Tischfläche eine Tiefenperspektive zu geben, ohne die drei Gegenstände zu berühren (Abbildung 48C).

Weil die Tischoberfläche abgeschrägt wurde, nicht aber Zylinder und Würfel, entstand an deren unteren Kante ein Absatz von 2 mm (Abbildung 50A). Offensichtlich musste ich dann auch Zylinder und Würfel gegen unten hin abschrägen (Abbildung 50B). Nun kann der Würfel geformt werden, indem man ihn von der vorderen oberen Ecke abschrägt, wobei zuerst die den Zylinder und die Kugel angrenzenden Seiten bearbeitet werden.

Jetzt kann der Zylinder abgerundet werden. Wegen der schrägen Tischoberfläche ist auch er oben dick und unten dünn. Ebenfalls liegt die linke Seite tiefer als die rechte. Bei der Kugel ist es ähnlich.

Die obere Fläche des Zylinders wird wie diejenige des Würfels nach hinten (oben) abgeschrägt. Der Effekt wird noch verbessert, wenn die Kanten leicht unterschnitten wer-

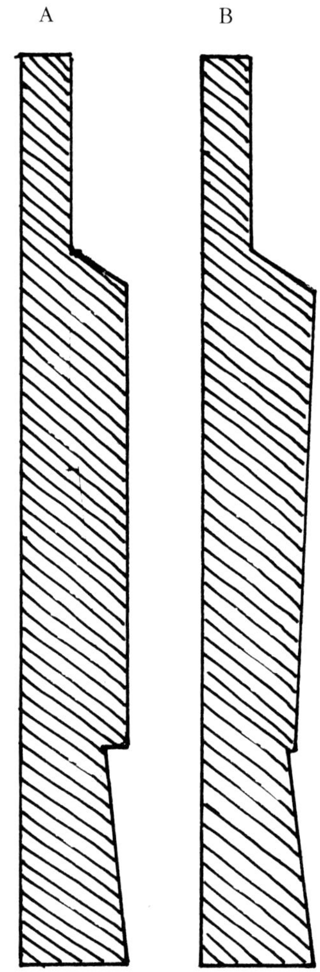

Abbildung 50

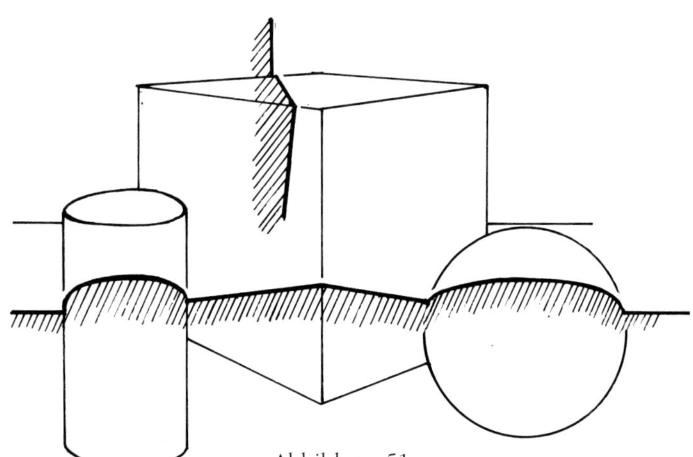
Abbildung 51

den, besonders um den Zylinder und um den Würfel herum. (Beachte den Querschnitt in Abbildung 51.)

Nach sorgfältigem Schleifen wirkt das Ganze gar nicht schlecht (Abbildung 52). Man sieht, dass die Kugel am wenigsten gut ausgefallen ist, sie scheint zu wenig Volumen aufzuweisen. Dies kann darauf zurückzuführen sein, dass eine Kugel keine Perspektive hat und keinen Anhaltspunkt für die Tiefe gibt. Allgemein wird angenommen, dass Perspektiven den Eindruck von Distanz und Vertiefung vermitteln. Untersuchungen haben ergeben, dass in Wirklichkeit die Hinweise der Tiefe dies tun. Zum Beispiel ist die oberste Fläche des Zylinders eine Ellipse, meist ein Kreis von einem Winkel aus gesehen. Ebenfalls könnte er im Profil oval sein, doch ist dies nicht üblich, und somit interpretiert unser Verstand die Form als Zylinder, was die ganze Schnitzerei in einer Tiefenperspektive erscheinen lässt. Im gleichen Sinn wird das spitzgestellte Viereck auf der oberen Fläche des Würfels als schräge Ansicht eines Würfels interpretiert und nicht als seltsamer, rautenförmiger Festkörper. Bei der Kugel kommen diese Faktoren nicht zum Tragen, sie sieht aus jedem Winkel genau gleich aus. Wäre sie durch eine Pyramide ersetzt worden, hätte der ganze Effekt noch erhöht werden können. Dies zeigt einmal mehr, dass es unumgänglich ist, ein Relief zu planen und vorauszusehen.

Abbildung 52

Flachrelief, fortgeschrittene Arbeit – Hundekopf

Haben Sie die Modellierübungen beendet, müssen Sie etwas zum Schnitzen auswählen. Suchen Sie etwas Auffallendes aber Einfaches, ohne zu viele Details und knifflige Formen, die das Grundieren erschweren. Pflanzen werden zum Beispiel häufig in Angriff genommen, doch ist das Herausschneiden zwischen den Stengeln und den Blättern und das Hinabstechen des Hintergrundes ziemlich schwierig. Ein Tier oder ein simples Stilleben ist viel einfacher, zudem kann es fast in Originalgrösse geschnitzt werden, was das Vergleichen der Formen erleichtert.

Ich beschloss, einen Hundekopf zu schnitzen. Als Vorlage diente mir ein Foto (Abbildung 53), das gross genug war, um direkt auf das Holz übertragen zu werden. Bedenken Sie, dass die Umrisse ziemlich einfach und uns allen gut bekannt sind. Eine Seitenansicht ist sehr charaktervoll und bestens erkennbar. Obwohl der offene Rachen problematisch aussieht, ist er es nicht und vermittelt zudem Tiefe, wenn man ihn stark aushöhlt (Abbildung 54).

Der Hintergrund wurde 12 mm hinabgesetzt, und das Hinabstechen erfolgte senkrecht (Abbildung 55). Als nächstes werden der Hals, der obere Teil des Kopfes, die Nase und der Unterkiefer geformt. Wo der Hals in den Körper übergeht, verschwindet er im Hintergrund. Mit diesem Vorgehen umgeht man das früher besprochene Problem, dass eine Fül-

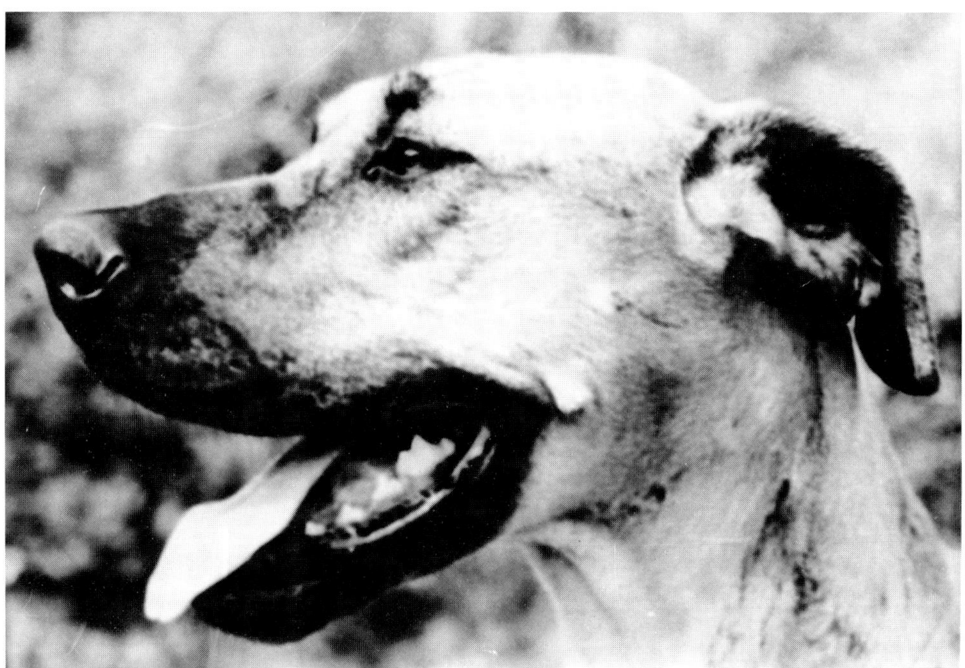

Abbildung 53

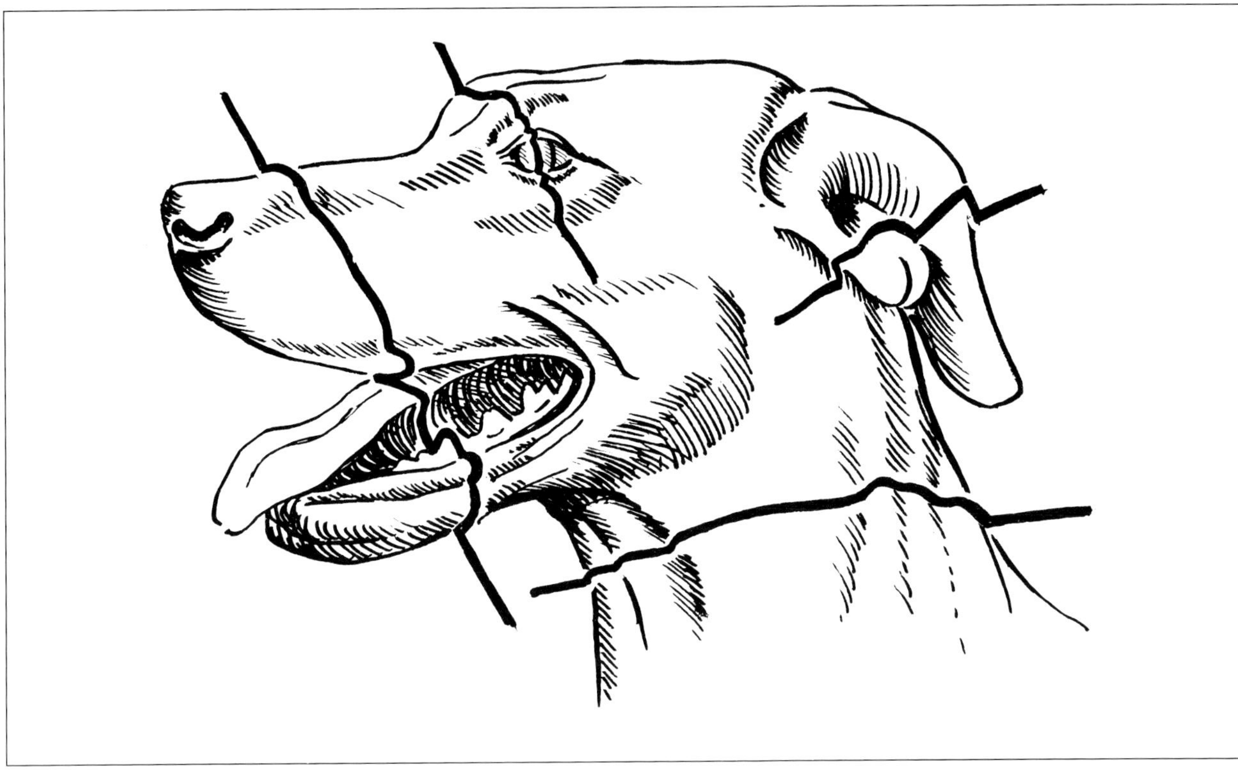

Abbildung 54

Abbildung 55

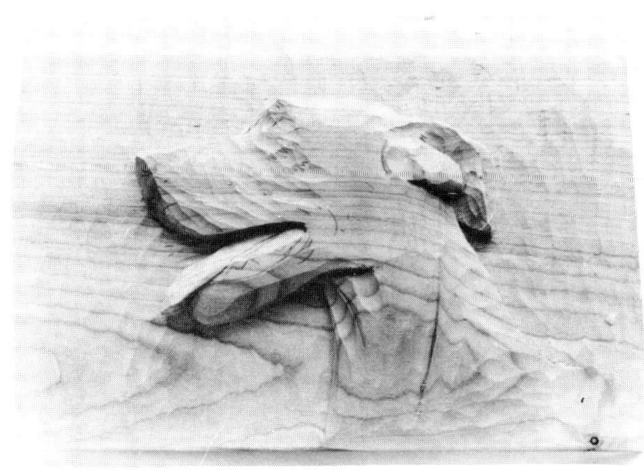

Abbildung 56

lung unten dicker wird als oben. Die Zunge wird schräg in einem Winkel geschnitzt, und die Oberlippe ist hinterschnitten. Das Ohr ist auf der Aussenseite unterschnitten und gegen innen abgeschrägt. Der Augenjochbogen wird auch ausgerüstet, und die Falten unter dem Hals werden angedeutet (Abbildung 56). Vereinfacht gesagt, ist das alles, was zu tun ist. Auf dem Foto des fertigen Stückes (Abbildung 57) ersieht man, dass die groben Formen vorhanden sind, und man braucht nur noch einige Details zur Ergänzung.

Dies ist eine klassische Medaillen-Profil-Pose. Hat man sie einmal versucht, ist es einfach einzusehen, warum stets Seitenansichten verwendet werden. Ausser einer leichten Verkürzung der Augen und etwas kniffligem Hinterschneiden hinter den Zähnen ist die Arbeit einem halben Kopf der Figurenschnitzerei ähnlich. (Ich verweise Sie auf die Abbildungen 2 und 3 von *Oberst Blood* und *Brendan.*)

Abbildung 57

4. Hochrelief

Die Weiterentwicklung vom Flach- zum Hochrelief ist ein grosser Schritt und bedarf neuer Überlegungen im ganzen Verfahren. Erstens wird der Hintergrund für einen normalen Oberfräser zu tief. Es ist also viel mehr Handarbeit zu leisten. Ebenso sind Flächen und Ansichtswinkel viel komplexer. Weil die Objekte jetzt realistischer in ihrer Form und viel tiefer sind, sind für die Wiedergabe natürlicher Perspektiven weniger intuitive Entscheidungen zu treffen, als vielmehr technische Probleme wie Unterschnitte und Formen zu bewältigen.

Stilleben – Weinglas, Käseplatte und Flasche

Stellen Sie ein Stilleben zusammen, und zeichnen Sie es auf ein 45 mm dickes Brett aus Lindenholz. Der Hintergrund mit der grössten Tiefe wird zuerst entfernt, indem man etwa 6 mm Holz zurücklässt. Als nächstes wird die Tischfläche wie im vorhergehenden Stilleben geschnitzt, das heisst sie wird von vorn nach hinten abgeschrägt (Abbildung 58). Weil das Käsebrett höher liegt als die Tischoberfläche, muss sich diese 6 mm senken. Alle anderen Gegenstände müssen voll und senkrecht auf dem Tisch erscheinen. Dies erreicht man, indem man rund um das Glas, den Käse und

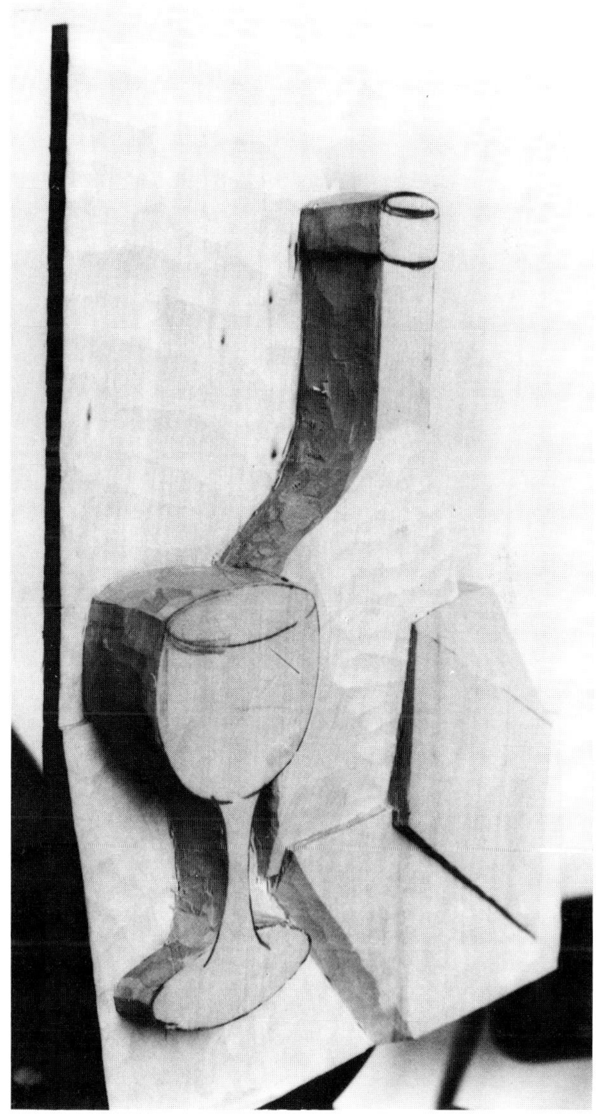

Abbildung 58

das Brett hineinschneidet und dies alles löst. Jetzt kann die Flasche schon abgerundet werden, indem man die Rundung hinter die andern Teile zieht. Der Flaschenhals ist oben offen und kann in elliptischer Form leicht ausgehöhlt werden. Nun wird das Glas abgerundet und geformt. Es muss wie der Zylinder im vorherigen Beispiel von oben nach unten zurückgenommen und verjüngt werden (Abbildung 59).

Ähnlich muss auch die Seite des Käses nach unten abgeschrägt werden. Die linke Kante des Käsebrettes gibt ein Problem auf. Um die Kante von der Flasche wegzuhalten, muss sie nach aussen angewinkelt sein. Schnitzt man sie in einem natürlichen Winkel wie die Seite des Käses, erscheint das Brett viel dicker. Der Kompromiss liegt darin, den Winkel nach

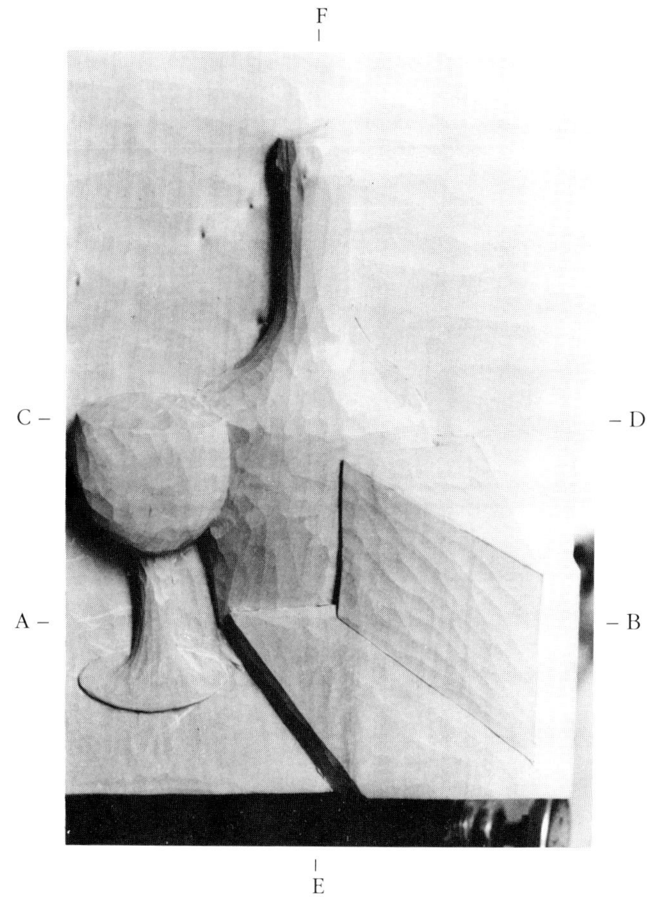

Abbildung 59

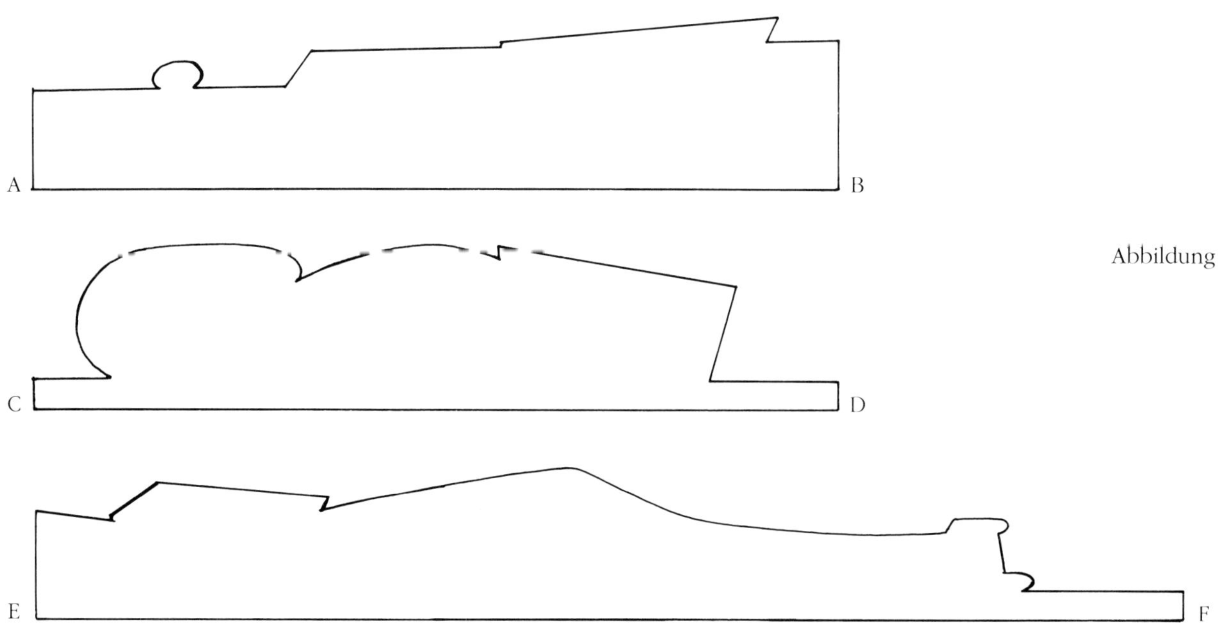

Abbildung 60

hinten leicht zu verändern, indem man die Kante leicht stellt. Dies scheint verwirrlich, doch die Querschnitte (Abbildung 60) dienen zur Aufklärung. Alle hinteren Kanten können massiv hinterschnitten werden. Bei diesen einfachen Formen ist es nicht schwierig, doch bei Blumenschnitzereien oder Figuren wird es sehr mühsam. Es wurde gesagt, dass Hinterschneiden als Geschicklichkeitstest für den Holzbildhauer gilt; sicher ist es eine Geduldsprobe für saubere Schnitte und geschicktes Einsetzen der Werkzeuge.

Als Übung ist diese Arbeit sehr wertvoll. Der Holzbildhauer sollte aus den Problemen, die sich ergeben, wertvolle Erfahrungen sammeln. Mein Gesamteindruck des fertigen Stükkes (Abbildung 61) ist, dass es irgendwie verwirrend scheint, doch lässt sich dies analysieren und kann für weitere Schnitzereien als Anregung dienen.

Beobachten Sie immer, welche Techniken sich eignen und welche unpassend sind, damit Sie für weitere Arbeiten die Lehren daraus ziehen können.

Abbildung 61

Hochrelief, fortgeschrittene Arbeit – Eule im Flug

Hochreliefs bieten die interessantesten Möglichkeiten und sind zugleich die komplexesten und anspruchsvollsten Formen von Reliefs. Wie im Fall des Hundekopfes in Flachrelief ist es ratsam, mit einem relativ einfachen Sujet, das leicht erkennbar ist, zu beginnen. Viele Fotos von Vögeln oder anderen Tieren scheinen ideal zum Schnitzen, aber nur, wenn die typischen Merkmale des Tieres gut erkenntlich sind. Die Eule zum Beispiel erkennt man problemlos von vorn, während andere Vögel nur aus einer Seitenansicht gut identifiziert werden können.

Obschon die Eule komplizierter ist als der Hund, weil kleiner und detaillierter, ist sie grundsätzlich einfach in Form und Schnitt. Der grundlegende Unterschied zwischen Hund und Eule ist, dass wir bei letzterer versuchen, vom Rumpf so viel als möglich in dreidimensionaler Form erscheinen zu lassen, während beim Hundekopf kein Anlass vorhanden ist, etwas zu schnitzen, das auf dem zweidimensionalen Foto nicht zu sehen ist.

Vögel im Flug darzustellen, ist eine der faszinierendsten Möglichkeiten in der Reliefschnitzerei. Der Vogel hätte mit einem dünnen Stab vom Hintergrund oder vom Himmel abgehoben werden können. Dies wäre aus dem normalen Sichtwinkel des Betrachters kaum zu sehen und würde den Flug des Vogels noch effektvoller darstellen, doch wollte ich in diesem Beispiel noch nicht so weit gehen.

Die Vorlage entnahm ich Eric Hoskings Buch *Owls* (Eulen). Zuerst plante ich, einen Kirchturm oder Ast einzubeziehen, doch dann entschloss ich mich, die Leere des Hintergrundes voll auszunützen, um noch mehr Gewicht auf den Flug des Vogels legen zu können. Ich denke, dass man mit dem Holz freizügig umgehen und die Grösse des vorhandenen Stückes voll ausnützen muss. Dies bringt viel Handarbeit mit dem Zurückversetzen des Hintergrundes mit sich. Da das Relief gut 45 mm tief ist, war der Gebrauch eines Oberfräsers nicht sehr hilfreich.

Es gibt andere Methoden, das überflüssige Holz schnell abzubauen – nicht zuletzt könnte vielleicht eine Kettensäge gelegentlich Platz in Ihrer Werkstatt finden. Im Normalfall genügen breite Hohleisen und ein schwerer Schlegel, doch wenn es enger wird, können grosse Bohrer ihre Dienste leisten (siehe *Minotaurus*). Ich beschloss, für das Gröbste eine Tischkreissäge zu verwenden (obschon eine Kappsäge sogar besser gewesen wäre). Die nähere Umgebung des Vogels musste natürlich in der üblichen Weise bearbeitet werden. Der ganze Hinter-

Abbildung 62

grund wurde dann zu einer schönen Ebene bearbeitet (Abbildung 62).

Wie in den meisten Reliefs ist die Eule selbst eine Mischung von Höhen und Tiefen. Das ziemlich flache Gesicht des Vogels (Abbildung 63) ist wie die Ständer und Fänge fast in natürlicher Tiefe wiedergegeben. Während der Rumpf stark verkürzt wurde, haben die Flügel etwa die halbe natürliche Tiefe (Abbildungen 64a und 64b).

Die Zeichnung zeigt, wie die Flügel auf der Oberseite stark hinterschnitten und die Unterseite recht tief ausgehöhlt sind. Die Federn des Stosses und der Flügel wurden wie überlappende Schuppen geschnitzt. Der Querschnitt (Abbildung 64c) zeigt, dass die

Abbildung 63

Abbildung 64a

Abbildung 64b

Abbildung 64c

Ständer fast dreidimensional geschnitzt und unten bei den Fängen ganz hinterschnitten sind. Die Unterkanten der Flügel und des Stosses sind sehr flach aber stark hinterschnitten (Abbildungen 65 und 66).

Der Gesamteindruck ist gut (Abbildung 67), und die Idee, die Eule im leeren Himmel hängen zu lassen, wurde vermittelt.

Die Seitenansicht zeigt, dass der Rumpf verkürzt wurde. Dies kann aber behoben werden, indem man dickeres Holz wählt, oder vielleicht indem man die Schnitzerei in einen tiefen Rahmen legt. Die Lage, wo ein Relief zu stehen oder zu hängen kommt, muss immer in Betracht gezogen werden. Eventuell sind sogar Anpassungen – wie zum Beispiel ein Rahmen – nötig. Diese Übung soll den Bildhauer davon überzeugen, dass nicht nur fliegende, sondern viele andere heikle Objekte realisiert werden können.

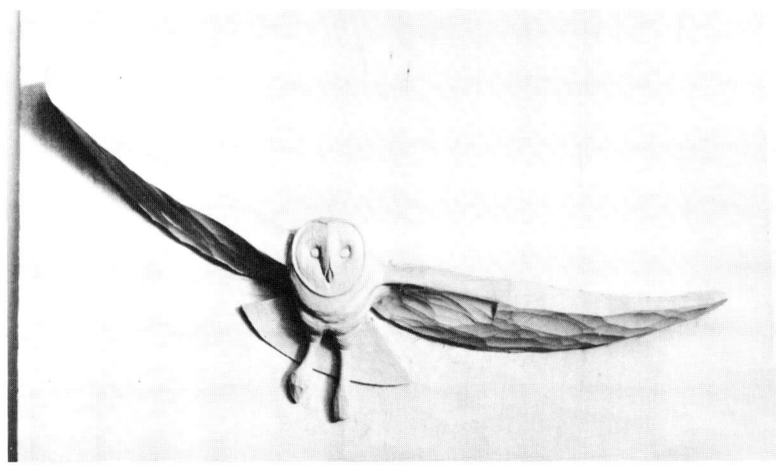

Abbildung 65

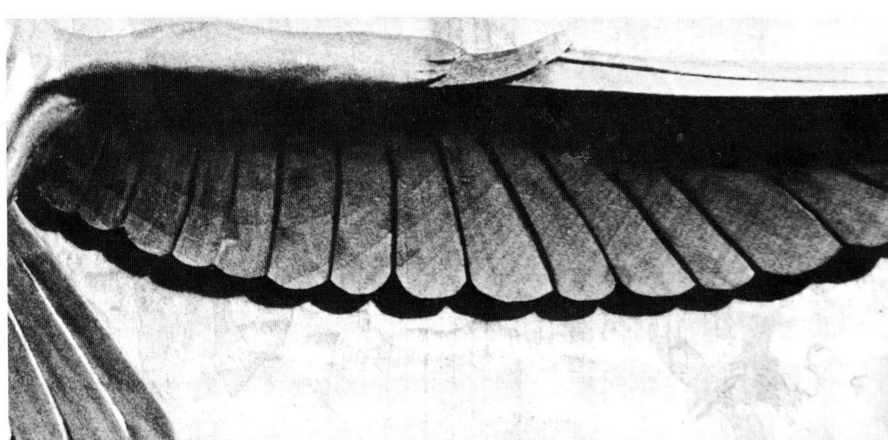

Abbildung 66

Abbildung 67: Mit freundlicher Genehmigung von Mr und Mrs R. Mann.

Hochrelief, fortgeschrittene Arbeit – Akt

Wie früher schon erwähnt, muss in der Reliefschnitzerei dem Entwerfen mehr Zeit gewidmet werden, damit der Schnitzerei die bestmögliche Tiefenwirkung in der vorhandenen Holzdicke gegeben werden kann. Für diese Schnitzerei suchte ich ein Holzstück mit möglichst gerader Maserung. Meine Idee war, dass die Formen der Figur durch den Kontrast der geraden Maserung des flachen Grundes zur gewölbten Maserung des Reliefs noch hervorgehoben würden. Ich benützte Esche, doch wäre Pitch-Pinie oder ein anderes Weichholz wie Zypresse ebensogut gewesen.

Beim Versuch, das Sujet möglichst effektvoll zu zeichnen, merkte ich, dass gewisse Grenzen strikte eingehalten werden mussten. Ich entschied mich für den Gebrauch von Esche, die eigentlich ein miserables Schnitzholz ist, und ferner dafür, dass die fertige Schnitzerei von links oben von einer Spotlampe beleuchtet werden sollte. Dies erforderte, dass die meisten Entscheidungen nachts zu treffen waren, nicht zuletzt deshalb, weil die beschienenen Flächen flacher geschnitzt werden

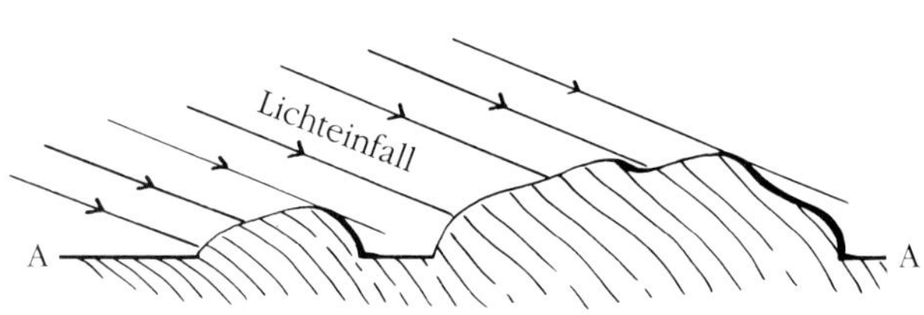

Abbildung 68: Der Querschnitt A durch den linken Arm und den Körper zeigt, wie der Lichteinfall auf die Schnitzerei wirkt.

mussten, um das Lampenlicht aufzufangen, während die Schattenseiten mehr gerundet werden sollten, um Schatten zu erzeugen (Abbildung 68).

Während der Arbeit sah ich einmal mehr, dass es für die Reliefschnitzerei kein festes Schema gibt. Der Schatten auf der rechten Seite muss beispielsweise Rippen und Bauchmuskeln hervorheben und allmählich in die Dreiviertelansicht der Körperseite übergehen. Die linke, beleuchtete Seite muss steiler abfallen, denn es hat zuwenig Platz für breite Schrägen. Dies verschiebt das Schlaglicht, so dass der Winkel wieder leicht verändert werden muss.
Ich zeichnete den Pferdeschwanz so, dass er hinter dem Kopf herabhängt und Tiefe andeutet. Das Band wurde auch einbezogen, damit es, um die Hände gewickelt und auf den Schenkeln liegend, die Tiefenwirkung noch verstärkt. Dies ist ein bekanntes Prinzip.
Die kleine Plattform mit den geraden Linien wirkt als Ausgleich zum kurvenreichen Design, und die obere Fläche mit der etwas übertriebenen Perspektive deutet nochmals Tiefe an (Abbildung 69).

Die Gesamtansicht ist eine Anordnung verschiedener Ebenen: Das hängende Tuch verjüngt sich gegen das rechte Bein, dieses überschneidet das linke; die linke Hand verschwindet hinter dem Knie; der rechte Arm liegt vor dem oberen Rückenteil; der Brustkasten ist nach links abgeschrägt, eine Brust in Front-, die andere in Seitenansicht vor dem linken Arm. Das Gesicht, wiederum in Profil, wendet sich dem Raum hinter den Beinen zu, das Haar liegt über der Stirn und der Pferdeschwanz hinter dem Kopf. Demgegenüber ist das Band der sichtbare Beweis dreidimensio-

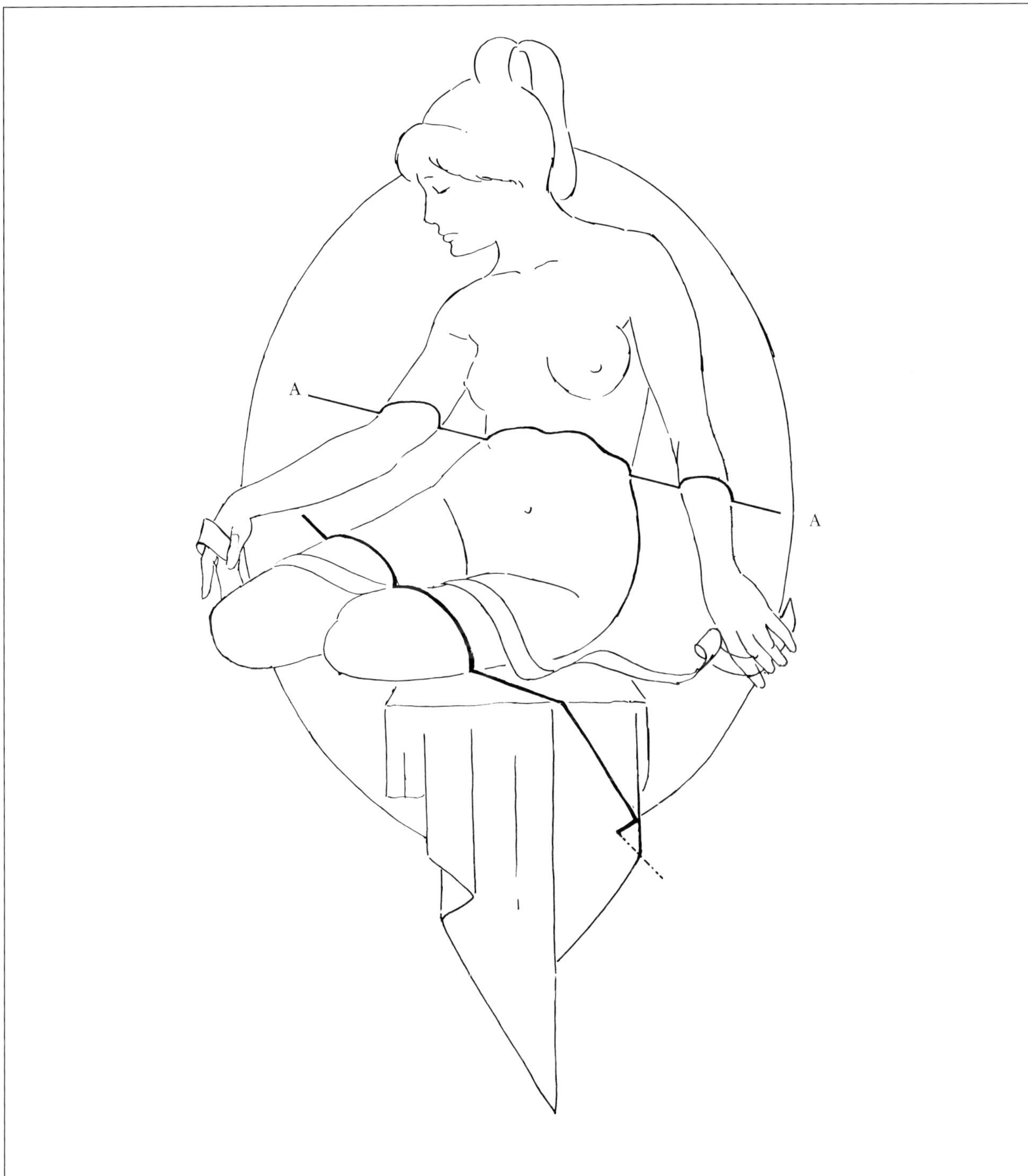

Abbildung 69

naler Formen. Der ovale Hintergrund, kleiner als die Figur, ermöglicht es der Figur mit einem greifbaren Objekt – vielleicht mit einem Spiegel oder einem Fenster – im Raum zu stehen. Es ist wohl eher selten, dass man beim Entwerfen eines Stückes so viel Zeit aufwendet, doch die Künstler haben es in der Regel in der Vergangenheit gemacht. Vielleicht ist das der Grund, warum wir viele ihrer Werke nicht anregend finden.

Das Stück wurde mit der Bandsäge ausgesägt, das Machbare des Hintergrundes mit dem Oberfräser und der Rest von Hand bearbeitet (Abbildung 70). Dann rüstete ich die Hauptpartien des Körpers aus, indem ich den linken Arm und das linke Bein zurückversetzte und Rumpf und Kopf abrundete (Abbildung 71). Grosse Mühe bekundete ich, die linke Brust als Seitenansicht der rechten erscheinen zu lassen. Es ist nicht so einleuchtend, wie es tönt. Das Verkürzen der rechten Brust ist nicht so überzeugend, sie wirkt leicht flach. Deshalb muss die linke leicht flacher sein als sie sollte, um die rechte widerzuspiegeln (Abbildung 72). Das Schnitzen von Kopf und Armen ist nicht allzu schwierig. Die Finger der linken Hand sind sorgfältig hinter dem Zeigefinger und dem Daumen verborgen. Diejenigen der

Abbildung 70: Der aufgezeichnete Block ist ausgesägt und mit dem Oberfräser bearbeitet.

Abbildung 71

Abbildung 72

rechten Hand müssen vom zweiten Gelenk zur Fingerspitze hin verkürzt werden. Das rechte Bein, das sehr stark nach vorn zeigt, muss wesentlich verkürzt werden, was ziemlich entscheidend ist. Betrachten Sie Werke alter Meister zur Inspiration. Frauenoberschenkel sind meist sehr weiche, sanfte Partien. Um die Länge zu verdeutlichen, müssen Sie mehr muskulöse Strukturen einbeziehen. Ebenso muss die Struktur der Knie sorgfältig wiedergegeben werden, sonst wirken sie grotesk. Darüber muss das Band seinen Weg winden, indem es die verschiedenen Dicken übertrieben anzeigt, um die Perspektive noch zu unterstreichen. Die Stelle, an der das Band zwischen dem Tisch und der Hand liegt, ist technisch schwierig und bedarf äusserster Vorsicht (Abbildung 73). Ausser einigen Hinterschnitten ist das Tuch relativ einfach.

Esche ist heikel zum Schleifen, weil die weichen Stellen vom harten Schleifpapier aufgerissen werden. Die fertige Arbeit scheint aber doch gefällig. Das Holz beliess ich ziemlich matt (Abbildung 74).

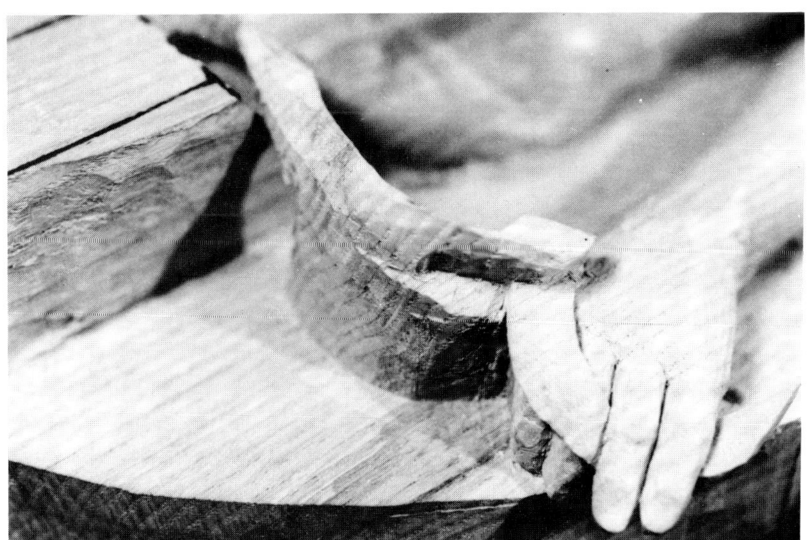

Abbildung 73

Abbildung 74

Durchbrochenes Hochrelief – Der grüne Mann

Beim durchbrochenen Relief werden Teile des Hintergrundes ganz durchbrochen, durchstochen, entfernt – ein dunkles Loch entsteht. Es kann aber auch ein einfach geschnitzter, gelochter Bilderrahmen oder Teil einer Stuhllehne sein. Es ist aber nicht zu verwechseln mit einer Gitterwerkschnitzerei, wie beispielsweise eine Stuhllehne mit Bandwerk im Chippendalestil, die Blenden in maurischen Bauten, bei denen wirklich nur das dünne Lattenwerk belassen wurde.

Durchbrechungen bereichern ein Relief und geben ihm Tiefe. Hiedurch entsteht eine falsche Front, um einen dahinterliegenden Hohlraum zu decken. Meine Idee verwirklichte ich, indem ich eine Art Knauf durchbrach, der an eine Tür oder ganz einfach an eine Wand gehängt werden kann. Als Sujet wählte ich den grünen Mann oder Jack O'Green, ein altes Fruchtbarkeitssymbol, das einen Mann darstellt, dem Blätter aus dem Körper wachsen. Dies ermöglichte mir, ein charaktervolles Porträt zu schnitzen, ohne an eine bestimmte Art Blattwerk gebunden zu sein. (Obschon traditionelles stilisiertes Blätterwerk ohne weiteres sehr interessant sein kann und nicht unbedingt langweilig sein muss.) (Abbildung 75.)

Bei einem solchen Motiv besteht der erste Schritt darin, eine Scheibe von etwa 200 mm

Abbildung 75

Abbildung 76

Abbildung 78

Abbildung 77

Abbildung 79

Durchmesser und 100 mm Dicke auszusägen. (Ich verwendete Eichenholz, weil es mir für dieses altbekannte Motiv passend schien.) Die Scheibe wird nun auf der Rückseite so ausgehöhlt, dass eine Dicke von etwa 25 mm übrigbleibt (Abbildung 76). Als nächstes wird die Vorderseite des Blockes gerundet; man erhält somit eine hohle Kuppel (Abbildung 77). Jetzt werden die Ecken des Drudenfusses geschnitzt, weil dies fixe Punkte sind, während das Blätterwerk abgeändert und um diese herum geschnitzt werden kann. Die Nase bleibt als höchster Punkt zurück, und rund um das Gesicht bringt man einen tiefen V-Schnitt an. Die Äste, die aus dem Mund wachsen, dürfen Sie nicht vergessen (Abbildung 78).

Abbildung 80

Abbildung 81

Nun kann das Formen der Blätter und Äste erfolgen. Die Durchbrüche macht man am besten mit einem Bohrer. Sehr bald sollte es auf der Vorderseite wie in Abbildung 79 und auf der Rückseite wie in Abbildung 80 aussehen. Das Schnitzen dieser Löcher ist nicht so schwierig, wie es scheinen mag. Der Gebrauch von Löffeleisen wird zeitweise notwendig, und wenn eine biegsame Welle mit 6 mm Fräser vorhanden ist, wird die Arbeit stark erleichtert.

Die Schwierigkeit besteht darin, eine saubere Oberfläche zu erhalten und die Ecken in den Unterschnitten sauber zu schnitzen. Abbildung 81 zeigt das verfeinerte Gesicht. Für weitere Ideen empfehle ich das Studium alter Gemälde und vielleicht diverser Fratzen, die an Kirchen zu sehen sind. Als Oberflächenbehandlung wählte ich eine dunkelbraune Eichenbeize gefolgt von einer Schicht Lack und brauner Wachspolitur (Abbildung 82).

Abbildung 82: Mit freundlicher Genehmigung von Mr D.C.C.Wilson.

Aufgeleimtes Hochrelief – Rose

Graham Thomson von Evesham, ist einer der wenigen gewerblichen Rosenzüchter in England. Diese wundervolle Rose (Abbildung 83), von ihm gezüchtet, erschien mir geeignet, eine Variante der Reliefschnitzerei aufzuzeigen. Hier wird ein Relief auf den Hintergrund geleimt anstatt aus Massivholz geschnitzt.

Reliefs auszusägen und auf einen Hintergrund zu leimen, ist eine traditionelle Technik, die schon oft mit Erfolg angewandt wurde. Mit der Wahl verschiedener Holzarten bietet sie interessante Möglichkeiten; eine Schnitzerei kann beispielsweise in Schichten aufgebaut werden, wie in vielen der Arbeiten von Grinling Gibbons, oder man kann die Schnitzerei auf verschiedene Objekte leimen wie Möbel, Truhen usw. Selbstverständlich kann diese Technik auch angewandt werden, um die Arbeit an einem heiklen Hochrelief zu erleichtern, wie im Fall dieser Rose. Aufgesetzte Reliefs erscheinen manchmal aufgekleckst; doch kann dem entgegengewirkt werden, indem man passende Kombinationen wählt. Um ein perfektes Ergebnis zu erhalten, kann die Schnitzerei aus der halben Dicke eines Brettes gesägt und auf die andere Hälfte geleimt werden. Somit stimmt die Maserung des Hintergrundes genau mit derjenigen der Schnitzerei überein. Nur der schärfste Kennerblick könnte den Unterschied wahrnehmen.

Als erstes wird die Rose in Ton modelliert. Der Grund liegt darin, dass dies der einfachste Weg ist, um herauszufinden, wie die Rose auf den Hintergrund zu liegen kommt. (Die natürliche Rose würde während ihrer Modellzeit verwelken.) (Abbildung 84.)

Machen Sie das Modell, und drücken Sie es auf ein flaches Brett, dann entfernen Sie es wieder und drehen es um. Jetzt wird das ausgesägte Stück aus Nussbaum, die Vorderseite nach unten, auf ein Brett geleimt, worauf zu achten ist, dass zwischen den Leimfugen ein Papier zu liegen kommt, damit die beiden Holzstücke problemlos voneinander getrennt werden können. Der hintere Teil der Rose

Abbildung 83

wird nun geschnitzt, indem man das gewendete Tonmodell kopiert (Abbildung 85). Formen Sie Blätter und Stengel soweit als möglich. Ist die Rose einmal vom Brett entfernt, ist es beinahe unmöglich, weitere Schnitte an der Rückseite auszuführen. Mit einer dünnen Messerklinge entfernen Sie die Rose vom Brett, drehen sie um und leimen sie mit der Vorderseite nach oben erneut provisorisch auf das Brett; dadurch kann die Arbeit auf dieser Seite fortgeführt werden. Blüte und Blätter auf die gewünschte Dicke zu bringen, bedarf eines sehr scharfen Werkzeugs und gefühlvollen Arbeitens.

Vorsichtig wird die Vorderseite geschliffen, die Rose vom Brett entfernt und von der Rückseite diejenigen Stellen geschliffen, die sichtbar sein werden. Mit zwei Schichten Lack, einmal Abreiben und einer Schicht Wachspolitur beenden Sie das Stück.

Abbildung 84

Abbildung 85

In meinem Beispiel war der Hintergrund eine mit Nussbaum furnierte Füllung eines Kleiderschrankes aus dem Jahre 1930. Die Füllung wurde poliert und die Rose aufgeleimt. Vergewissern Sie sich, dass auf den Leimflächen keine Wachsrückstände sind. Der angepasste Nussbaumrahmen komplettierte das sehr ansehnliche Stück (Abbildungen 86 und 87).

Abbildung 86: Mit freundlicher Genehmigung von Mr und Mrs P. Parkin.

Abbildung 87

5. Reliefschnitzerei als Bildhauerkunst

In den vorhergehenden Kapiteln habe ich etliche Male auf die Möglichkeiten und das Anwendungspotential von Reliefschnitzereien hingewiesen. Ich hoffe, dass die nächsten Projekte aufzeigen werden, was ich damit meine. Obwohl ich in meinen Werken eine Tradition verfolge, bin ich der Meinung, dass Reliefschnitzerei der heutigen Zeit angepasst werden soll, auch wenn es sich um ganz alte Themen handelt. Wir sind sicher in der Lage, einen Gladiator aus der Zeit vor 2000 Jahren zu schnitzen, doch unsere aktuellen Ansichten bezüglich Krieg und Kampf oder sogar über die menschliche Anatomie und Psychologie beeinflussen eine Schnitzerei anders, als diejenigen eines Bildhauers aus der viktorianischen, romanischen, Renaissance- oder Jugendstilzeit.

In der zweiten Hälfte des 20. Jahrhunderts wurden in der visuellen Kunst enorme Fortschritte gemacht, von Computergrafik über Hologramme bis hin zu beweglichen Skulpturen. Mehrere dieser Formen findet man oft im gleichen Werk, die Stilarten reichen von Naturalismus über Surrealismus bis zum Abstrakten mit unzähligen Kombinationsmöglichkeiten.

Innerhalb der Reliefschnitzerei gibt es keinen Grund, dieselben Freiheiten nicht auch hier anzuwenden. Heute wird beim Gebrauch von Farben und Beizen, beim Anwenden von Brennen oder Sandstrahlen, bei ungewöhnlichen Kombinationen mit Holz oder anderen Materialien niemand mehr die Stirn runzeln. Dies gilt ebenfalls für Abweichungen vom Naturalismus, für das Verzerren von Perspektiven oder Massstäben, grob oder fein ausgearbeitet – alles wird akzeptiert.

Ich hoffe, dass mancher Anfänger einsehen wird, dass die Anwendung seiner Fantasie seinen Mangel an Handfertigkeit ausgleichen kann.

Marillion

Dieses Stück ist ebenfalls eine Auftragsarbeit. Ich selbst hatte die Musik von Marillion nie gehört, fühlte aber sofort, dass der Plattenumschlag ein aufregendes Thema für eine Reliefschnitzerei darstellte. Technisch ist es nicht schwierig, doch ergaben sich interessante Probleme: zum Beispiel die rechte Gesichtsseite, die durch die halbdurchsichtige Maske zu sehen ist; die seltsamen Wolken, die vor und hinter dem Körper stehen; das Verschwinden der Schultern in den Himmel. Um solche Effekte wiedergeben zu können, bedarf es unkonventioneller Methoden oder der Anwendung mehrerer Arten von Reliefs – zum Beispiel Einkerben in Kombination mit Hoch-

und Flachrelief; strukturierte Flächen – gehämmert oder flachgeschnitzt – weisen auf verschiedene Qualitäten und Materialien. Für mich lag das halbe Vergnügen darin, Wege zu finden, diese Art von Schwierigkeiten zu meistern. Die Abbildungen 88 und 89 zeigen den Plattenumschlag und meine Zeichnung.

Ich wählte ein 25 mm dickes Stück Nussbaum aus einer Astgabelung, bei dem die wilde Maserung und das helle Splintholz zum Ausdruck kamen; hiermit erhoffte ich mir eine Unterstützung der Licht-Schatten-Kontraste. Ebenso entschied ich, das Stück im eigenen Rahmen zu schnitzen, um so einen Fenstereffekt zu erhalten. Selbstverständlich bringt dies einen Mehraufwand mit sich.

Als erstes setzt man den Himmel entlang der Wolken, des Kopfes und des Kragens hinab. Ich machte dies mit einem 19-mm-Fräser. Die Schrift wird vollhölzig zurückgelassen. Jetzt achte man auf die höchsten Partien der Schnitzerei. Die Zottel mit der Schelle und die Wange der Maske stehen vermutlich am höchsten (siehe Abbildung 90, Schnitt A–A), deshalb

Abbildung 88

Abbildung 89

schnitzt man rund um die Maske und formt sie grob. Der Teil, der das Gesicht verdeckt, wird um etwa 6 mm gesenkt, indem man gegen Nacken und Schultern hin tiefer und tiefer geht. Die Wolken über der Schulter bleiben erhaben. Als nächstes formt man die hängende Zottel, die Kappe und den gezähnten Kamm. Diese werden stark hinterschnitten,

Abbildung 90 Schnitt A–A

um sie vom Himmel abzuheben. Das Modellieren des Gesichts kann nun in Angriff genommen werden. Beginnen Sie, indem Sie den Rand der Maske stark unterschneiden, und senken Sie das Gesicht, damit es unter die Maske geht. Die tiefen Falten über den Wangen werden eingekerbt und der unter die Wolken verschwindende Hals kann auf die tiefste Ebene der ganzen Schnitzerei hinabgesetzt werden (Abbildung 90, Schnitt A–A). Die Mundhöhle und die Nasenlöcher werden tief geschnitzt, um einen dunklen Schatten zu erzeugen. Der Gebrauch von Bohrern und biegsamen Wellen könnte hier und am Rande der Maske von Nutzen sein. Sehr feine Arbeit erfolgt bei den Wimpern, vielleicht sogar unter Verwendung eines Messers oder Skalpells. Die Iris ist am Rande eingekerbt und abgerundet (Abbildung 91), die Pupille wird mit einem dezentrierten Loch gemacht, und das Augenlicht wird mit einem Halbmond angezeigt.

Abbildung 91

Die Arbeit ist ziemlich einfach, die einzigen Schwierigkeiten bestehen in der Wange, dem Auge, bei den Lippen und der Nase (Abbildung 92, Schnitte B–B und C–C). Das Augenloch der Maske ist tief eingeschnitten und mit einem Fräser unterschnitten. Die rechte

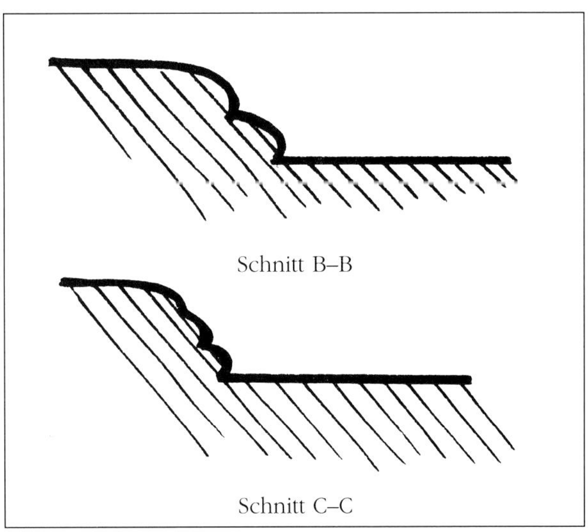

Abbildung 92

Abbildung 93

Gesichtsseite des Narrs sieht man durch die halbdurchsichtige Maske. Diesen Effekt erhielt ich durch das Umreissen des Profils mit einer sehr weichen Einkerbung (Abbildung 93).

Die Wolken sind ziemlich schwierig und ermüdend. Um die zackigen, aufgerissenen Ränder zu erhalten, versuchte ich es mit einem Bohrer, doch die Schnitte schienen mir zu mechanisch. Die ausgeprägteren Wolken auf der linken Seite wurden sorgfältig mit kleinen Schalen umfahren. Beachten Sie, dass die Oberflächen der Wolken ganz links aussen die

Schultern überragen, während der schwarze Fleck (in der Abbildung 89 schraffiert) in sie hineingeschnitzt ist. Zudem gehen einige Wolken hinter und andere wiederum vor dem Stab der Maske vorbei. Die aufgerissenen Linien in der Wolke ganz rechts erhält man am besten, wenn man sie mit einem Geissfuss hin- und herschaukelnd anbringt. Ein sorgfältiges Schleifen, besonders auf der Maske, gibt der Schnitzerei die nötige Vollendung.

Das Polieren betrachtete ich als wesentlichen Teil des Schnitzens. Es soll nicht nur das Holz verschönern, sondern auch das Bildliche unterstützen. Maske und Schelle wollte ich, wie auf dem Original, am stärksten poliert haben. Wenn Sie sich in Möbelpolitur nicht auskennen, gehen Sie am besten so vor: Tragen Sie eine dünne Schicht durchsichtigen Hartgrundlack auf, und reiben Sie ihn nach dem Trocknen mit 400er Schleifpapier ab. Das wiederholen Sie fünf- bis sechsmal. Nach sechs Schichten sollte die Oberfläche seidenweich und die Poren sollten völlig gefüllt sein. Wenn alles trocken ist, reiben Sie es mit Metallpolitur ein, so dass es wie eine Fensterscheibe glänzt. Das Augenloch in der Maske wird mit dunklem Lack eingefärbt, um die Tiefenwirkung zu unterstützen. Ausser beim Auge des Narren, das hell bleibt, wird der Rest der Schnitzerei mit einem mittelbraun eingefärbten Lack bepinselt. Die Wolken werden nochmals geschliffen, um die erhöhten Flächen zu erhellen. Der Gedanke dabei ist, den Unterschied zwischen den dunklen Schatten und den hellen Wolken zu unterstützen. Die anderen Partien der Schnitzerei werden sorgfältig mit dunkelbraunem Lack getönt, speziell die dunklen Partien des Gesichts, die Iris, die Schulter und der obere Teil des Himmels. Die kleinen dreieckigen Schminkstellen auf den Augenlidern werden mit einer Nagelspitze gehämmert und dann nachgedunkelt. Schliesslich wachst man die ganze Schnitzerei ein. Der Rahmen wird mit fünf bis sechs Schichten mattschwarzer Farbe bestrichen, dazwischen sorgfältig abgerieben und poliert.

Ein Purist würde sagen, dass Farbe auf einem Gesicht keine physische Tiefe erwirke und deswegen in einer Schnitzerei besser unterlassen werde. Normalerweise würde man das Muster eines Kleides auch nicht schnitzen. Man kann aber auch argumentieren, dass in einem richtigen Auge kein Loch ist, und man es auch nicht schnitzen müsste, doch wirkt ein Auge ohne Pupille blind. Lassen Sie Ihr Gefühl entscheiden! Wenn Sie meinen, das Detail sei wichtig, beziehen Sie es so ein, wie es für Sie akzeptabel ist. Vielleicht finden Sie eine antike Politur, eine Patina, effektvoller? Diese erreicht man mühelos, indem man dunkles Wachs auf die Schnitzerei mit einer Bürste aufträgt und sofort das meiste mit einem Lappen wieder entfernt. Die Vertiefungen und Ecken bleiben dann dunkel. In einzelnen Fällen kann ein Farbton in Löchern wie Mund oder Nase den Effekt von Leere verstärken. Diese Methoden müssen vor ihrer Anwendung erprobt werden, können aber eine Schnitzerei wesentlich verbessern.

Der Erfolg dieses Stückes liegt nicht zuletzt im schönen Holz. In Linde zum Beispiel würde es ein ganz anderes Aussehen haben. Ich denke, dass sich eine sorgfältige Wahl des Holzes stets auszahlen wird.

Der geschnitzte Schriftzug wird im Kapitel *Schriften* behandelt.

Abbildung 94: Mit freundlicher Genehmigung des Besitzers Mr D.Winlow und des Grafikers des Originalplattenumschlages Mr Mark Wilkinson. Der Gruppe *Marillion* gebührt für die Verwendung ihres Namens besten Dank.

Ein schmuckes Kästchen

Hier versuchte ich, das Konzept einer rundum laufenden Reliefschnitzerei in Form einer Folge von Füllungen zu entwickeln, wobei jedes Bild mit dem nächsten physisch und thematisch in Verbindung steht. Die Füllungen behalten ihre Unabhängigkeit voneinander, weil jede eine Seite des rechteckigen Blockes bildet, was den Betrachter daran hindert, jeweils mehr als nur einen Teil vom Ganzen zu sehen. Von oben nach unten sind die Friese durch die waagrechten Schriftbänder unterteilt. Die Anziehungskraft des geschriebenen Wortes ist so gross, dass es für den Betrachter unmöglich ist, sich voll auf die Bilder zu konzentrieren, ohne dass die Schriftbänder ihn ablenken und beschäftigen. Wären diese Bänder lediglich dekorativ gestaltet, bliebe diese Wirkung voll aus.

Obwohl die Bilder einige biblische Themen zeigen, sollte es keine religiöse Schnitzerei werden. Es sollte vielmehr eine satirische werden, die eine vielleicht leicht zynische Ansicht des Lebenszyklus wiedergibt, die frühe Moralapostel der christlichen Kirche predigten, um das Landvolk unter dem Daumen zu halten. Ich bin froh, wenn nicht das Können, so doch etwas vom Humor der damaligen Schnitzer zu besitzen.

Die von Klauen gehaltene Kugel, aus Thuya-Wurzeln gedreht, stellt die Welt dar (Abbildung 95). Darunter sind zwei Schlangen, in einen keltischen Knoten gewunden, die eine mit gespaltener, die andere mit einfacher Zunge, stellvertretend für das Böse und das Gute. Das Böse will natürlich heraus, und unter den Schlangen sind (auf den nächsten Seiten) die Todsünden als Gesichter gestaltet, und zwar in Eibe, Goldregen, Buchsbaum, Ölbaum, Kirschbaum, Zwetschgenholz und Nussbaum. Diese Arbeit ist faszinierend; manche Stunde verbringt man mit der Suche nach Gesichtszügen und -ausdrücken, um passende Stimmungen und Gefühle herauszubringen. Ihre Namen wurden mit Buchstaben aus dem Alphabet Albrecht Dürers eingekerbt.

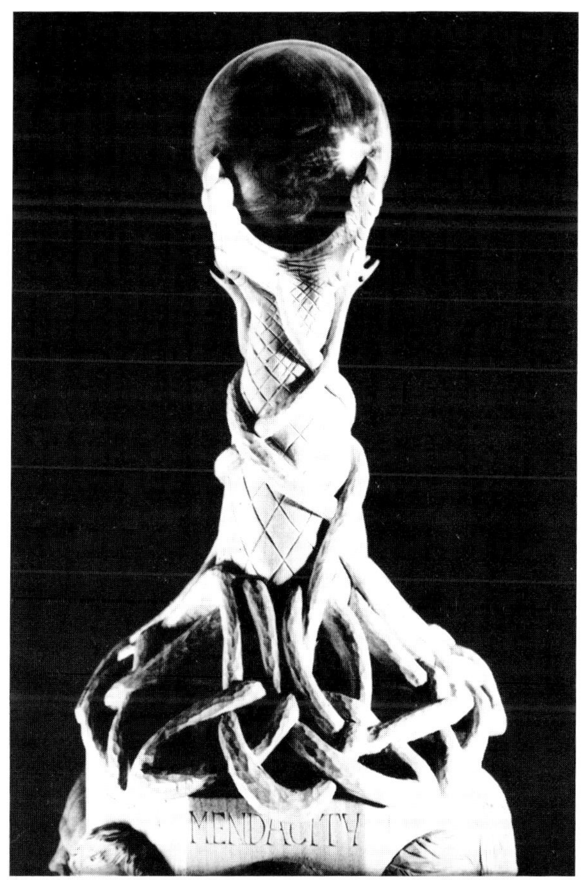

Abbildung 95

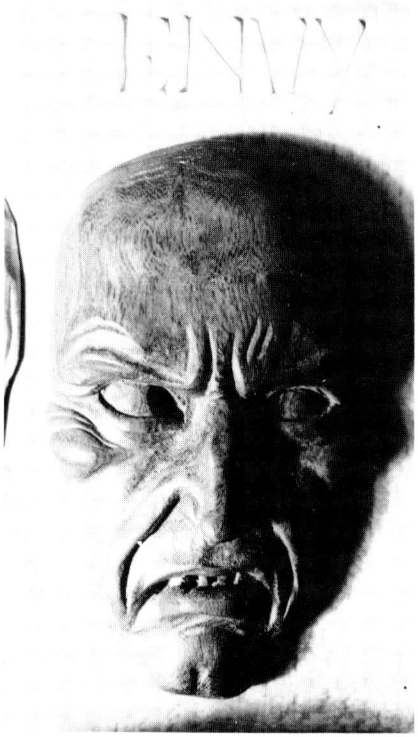
ENVY

GLUTTONY

AVARICE

MENDACITY

LUST

PRIDE

SLOTH

Abbildung 96

Als nächstes folgt die Inschrift in Fraktur aus dem Jahre 1794 von Johann Gubitz: «What reward shall be given to thee false tongue.» (Welchen Lohn sollen jene erhalten, die falsches Zeugnis ablegen?) Darunter folgen vier Füllungen: Die erste stellt Eva dar (Abbildung 96), unter einem Baum sitzend, einen Apfel haltend und eher selbstzufrieden. In den Ästen die Schlange mit dem Kopf eines Narren, lachend wegen des drohenden Sturms, und Evas Abwehr in der Inschrift darunter: «The serpent did beguile me and I did eat.» (Die Schlange hat mich betört, und ich ass.)

Auf der nächsten Füllung (Abbildung 97) verfolgt ein vergnügter Teufel eine junge Frau, die um die Ecke verschwunden ist, in einen Wald. Der Narr guckt hinter einem Baum hervor, lacht über die Bemühungen des Teufels und schwingt ihm seinen Windbeutel entgegen. Eine Zeile aus dem Buch der Offenbarung ist unter der Füllung eingeschnitzt:«Let him that has understanding count the number of the beast.» (Wer Verstand hat, berechne den Zahlenwert des Tieres.)

Abbildung 97

Abbildung 98

Die verfolgte Frau wird auf der nächsten Füllung wiedergegeben (Abbildung 98): Sie rennt durch eine Türöffnung und kommt als verschrumpfte alte Frau heraus. Da sie nicht mehr begehrt wird, nimmt sie das Kreuz. Auf der linken Seite zählt eine Sonnenuhr die dahinfliegenden Augenblicke der Jugend, während auf der rechten der Narr die neu gefundene Religion der alten Hexe belächelt: «The days of our age are three score years and ten» (Die Tage unseres Lebens zählen dreimal zwanzig Jahre plus zehn) ist unten eingeschnitzt.

Schliesslich, auf der vierten Seite (Abbildung 99) wartet König Tod mit offenen Armen, eine Sanduhr in der einen, ein Schwert in der anderen Hand. Hinter ihm enden die zurückweichenden Perspektiven von Leere in einer Türöffnung. Wie eine aufgehende Sonne erscheint der Kopf des Narren über der Tür, sogar den Tod bespöttelnd. Unter dieser Füllung ist geschrieben: «There was a door to which I found no key» (Da war eine Türe, zu der ich keinen Schlüssel fand) von Omar Chaijam. Es bedarf keines Schlüssels, um das Haus des Todes zu betreten.

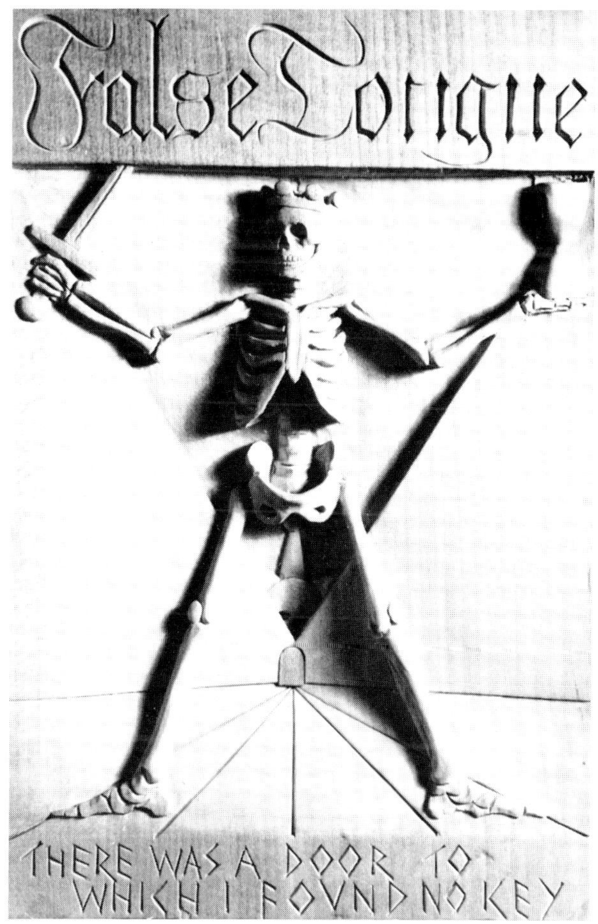

Abbildung 99

Abbildung 100

Abbildung 101

Abbildung 102

Abbildung 103

Das letzte Fries rund um den Sockel stellt das Fegefeuer dar, nicht mit Feuer und Schwefel – aber ein Niemandsland, in dem die Persönlichkeit, dargestellt als ein entstellter Kopf, zerstört ist (Abbildung 100); Individualität und freie Wahl, symbolisiert durch zwei schwebende Körper, sind beseitigt (Abbildung 101), die Freuden und der Reichtum des Lebens haben aufgehört zu existieren – vom Narren verbleibt nur noch der grinsende Schädel (Abbildung 102). Aber auf der vierten Seite (Abbildung 103) strahlt ein Mädchen mit einem verschlossenen, schelmischen Lächeln Hoffnung aus für diejenigen, die die Karten richtig gespielt haben. Sogar in der Hölle wird es privilegierte Klassen geben.

Die Absicht von all dem ist, zu verzieren und einen geheimen Zug in den Block zu verstekken, der nur durch das Betätigen verborgener Riegel geöffnet werden kann, die wiederum durch das Befolgen der Hinweise im Text gefunden werden können.

Grundsätzlich ist die Schnitzerei einfach, mit flachen Reliefs. Es sind alles Versuche irgendeiner Art: Verkürzungen im Fall der schwebenden Körper; Perspektiven im Hintergrund der Füllung von König Tod und derjenigen des Alters; die Bewegung des Teufels als Gegensatz zu den aufrecht stehenden Bäumen.

Die Schriften sind ebenfalls eine Weiterentwicklung früher angewandter Schriften. Diese können sehr einfach sein, wie im Beispiel der mittleren Reliefs, bei denen die Schriften leicht adaptiert vom Griechischen und Phönikischen übernommen wurden, und nur gerade zwei kleine Flacheisen benötigten. Sie können aber auch sehr komplex sein, wie die fast unleserliche Schrift auf dem Sockel, die aus dem 15. Jahrhundert stammt. Sie wurde fast durchwegs mit einem Geissfuss geschnitzt. In Wirklichkeit heisst es «Fools, your reward is neither here nor there» (Dummköpfe, Eure Belohnung ist weder hier noch dort. Omar Chaijam).

Ein Relief soll lebendig wirken. Wie ich früher bereits erwähnte, ist die Frontansicht eines Gesichts schwieriger als eine Seitenansicht. Will man es noch als normales Gesicht erkennen, sind die Grenzen der Verzerrung relativ eng. Auf der anderen Seite zeigen die schwebenden Figuren, wie stark eine Tiefenperspektive in 12 mm dickem Holz zum Ausdruck gebracht werden kann.

Alles in allem ist es ein ehrgeiziges Projekt, das viele Tage Arbeit erfordert. Es ist aber aus kleinen Einzelteilen aufgebaut, deren Schwierigkeitsgrad nicht allzugross ist. Seine Wirkung beruht auf dem Zusammenhang der einzelnen Teile. Dies scheint ein guter Grundsatz zu sein, denn viele Schnitzereien wirken von der Grösse oder Kompliziertheit her entmutigend, sie sind aber immer nur die Summe der Einzelteile. Abbildung 104 zeigt die fertige Schnitzerei.

Abbildung 104: Mit freundlicher Genehmigung
von Mr D.C.C.Wilson.

Sommernachtstraum

Ich kann die Ansicht einiger Bildhauer nicht teilen, wonach ein Holzstück ein Thema diktieren oder selbst beeinflussen sollte. Meine Meinung war immer, ein Objekt auf Papier aufzuzeichnen und dann ein entsprechendes Stück Holz zu suchen. Das heisst natürlich, dass häufig vorhandenes Material, auch für kleinere Schnitzereien, nicht passt. Meine Ansicht musste ich im Fall von Charles Boren aus Fort Worth, Texas, etwas ändern. Er schneidet ein Stück aus einem abgestorbenen Baum, falls er in seinem natürlichen Aussehen Entwicklungsmöglichkeiten sieht, und passt sogar während der Bearbeitung seine Ideen dem Holz an.

Dies liess mich mehr über den Charakter des Holzes und seine Beziehung zum Thema nachdenken; trotzdem zeichne ich jede Schnitzerei vorerst auf Papier. Ich mache es mit

Abbildung 105

einem Gedanken an ein vorhandenes Stück Holz im Hinterkopf.

Das für diese Schnitzerei verwendete Nussbaumholz stammt von einem Baumstumpf, der am Zerfallen war. Es wurde in Form eines Käsekeils mit der Kettensäge abgesägt, und ich konnte es zum Brennholzpreis kaufen.

Ich stellte mir die Aufgabe, aus diesem groben Holzklotz eine Schnitzerei zu erarbeiten, die sich von den üblichen Reliefs abheben würde. Eine Art dreidimensionales, rundumlaufendes Relief, eine Mischung zwischen Plastik- und Reliefschnitzerei (Abbildungen 105 und 106).

Natürlich war das nicht eine neue Idee – der Elgin-Marmor zum Beispiel schildert eine Szene rings um ein Gebäude. Viele Kunststücke sind mit Reliefs dekoriert, die von überall her gesehen werden können. Ich glaube, dass aus dieser Technik ein rundumlaufendes Relief entstehen kann, in dem die eine Seite in

Abbildung 106

Beziehung zu einer anderen, unsichtbaren Partie stehen kann oder vielleicht sogar in Kombination mit einer dreidimensionalen Skulptur. Ich habe diese Idee teilweise beim schmucken Kästchen (siehe Seite 71) angewandt.

Eigentlich war das Thema *Ein Sommernachtstraum,* das Charaktere und Begebenheiten aus Shakespeares Stück wiedergeben sollte. Ich begann mit der Theatermaske, auf der einen Seite eine schauerliche Putte, aus dem Hintergrund erscheinend und Puck repräsentierend. Ein griechischer Helm symbolisiert Theseus, Herzog von Athen, und eine Gruppe langer, dünner Bäume den Wald. Jetzt begann ich, von der Geschichte abzuweichen,

Abbildung 107

und ich befasste mich mehr mit Atavismus und Erotik, den eigentlichen Themen des Stückes. Dies führte zu dem aus den Ästen guckenden Kopf des Pan, mit den kleinen Dämonen zuoberst, und den Fröschen darunter (Abbildungen 107 und 108). Ohne jedes Ding auf der Schnitzerei zu analysieren oder einen tieferen Sinn vorzugeben, würde ich dies ein gekritzeltes Schnitzen nennen, das den Gedanken erlaubt, zu wandern und sie in Holz zu übertragen. Es ist eine sehr vergnügliche und einfache Art zu schnitzen, ohne an Modelle, Massstäbe oder Genauigkeit gebunden zu sein.

Nussbaum ist das geeignete Holz für solche Sachen, es ermöglicht, feine Details zu schnitzen, und gibt auf grösseren Flächen herrliche Maserung und Farben wieder.

Die Vielzahl an Motiven und Vertiefungen mit Unterschnitten verlangt eine breite Palette an Werkzeugen. Jede Art Schnitzwerkzeug kam zum Zug: Messer, Fräser, Bohrer, Feilen, Raspeln, Schleifpapier und sogar eine Kettensäge für die tiefen Einschnitte zwischen den Bäumen.

Ich würde selbstverständlich niemandem empfehlen, diese Schnitzerei zu kopieren. Doch könnte sie als Anregung dienen für jemanden, der Lust zum Ausdruck seiner eigenen Persönlichkeit hat.

Abbildung 108

Abbildungen 109 und 110: Details der Abbildung 106.

Abbildung 111: Detail der Abbildung 106.

Minotaurus

Perspektive und Illusion von Tiefe sind seit der Renaissance faszinierende Themen. Die Tatsache, dass die Anwendung von Perspektiven nur rund 500 Jahre alt ist, und vorher während drei- bis viertausend Jahren komplett ignoriert wurde, ist sehr interessant. Es ist kaum zu glauben, dass die hochbegabten Bildhauer der alten Welt unfähig waren, den Anschein von Weite wiederzugeben. Auch wenn man die Meinung vertritt, dass Perspektiven nicht unbedingt notwendig sind, wird man zweifellos davon besessen, wenn man sich damit auseinandersetzt.

Das Thema des *Minotaurus,* eingeschlossen in einen Irrgarten, hat zahlreiche Bildhauer und Maler interessiert. Ich fühlte, dass es interessant sein könnte, diese Unterwelt auf einem relativ kleinen Platz zu entwerfen. Mit andern Worten: Es sollte auf einem 75–100 mm dicken Holzstück so geschnitzt werden, dass die Kulisse viel tiefer in Erscheinung trat, als die Dicke des Holzes selbst. Die Kulisse würde durch eine Öffnung gesehen. Offensichtlich wäre aber das Schnitzen einer Höhle durch eine kleine Öffnung sehr schwierig. Um dies zu umgehen, beabsichtigte ich, das ganze in zwei Teilen zu machen, so dass die Gänge in beiden Teilen geschnitzt werden könnten, um dann zuletzt die beiden Stücke zusammenzuschrauben (Abbildung 112).

Ein anderes Problem war die Dunkelheit in der Höhle. Zuerst beabsichtigte ich, kleine elektrische Lämpchen einzubauen, entschied mich aber später für Perspexstäbe. Perspex ist ein Kunststoff, der die Fähigkeit hat, Licht auch um Ecken zu leiten.

Zuerst modellierte ich einen Teil in Plastilin (Abbildung 113), um einige Schwierigkeiten auszubügeln. Es ist nicht einfach, gewölbte Gänge, Säulen und Treppenhäuser so in die richtige Lage zu bringen, dass sie sich genügend überschneiden, um die gewünschte Tiefenwirkung zu erhalten, ohne die hinteren Partien zu beschatten. Gewisse Effekte waren geeigneter als andere – gewundene Treppenhäuser und lange Gänge waren beispielsweise sehr wirkungsvoll.

Ich wählte einen grossen Block aus 100 mm Nussbaumholz und ein kleineres Stück für die hintere Hälfte. Ich höhlte die vorderen Bogengänge, die den Eingang zum Labyrinth darstellten, mit einem 25 mm Lochfräser aus und begann, diese zu vertiefen. Diese Fassade basiert auf neolithischen Gebäuden in Gozo in der Nähe von Malta.

Abbildung 112

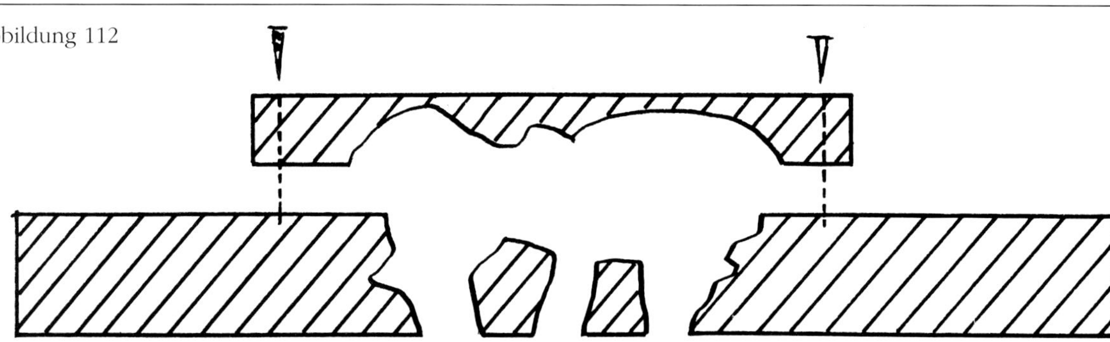

Diese Nischen wurden tiefer gebohrt, geschnitzt und geformt, bis die Platte durchbrochen war (Abbildung 114). Nun konnte die Arbeit von hinten fortgesetzt werden (Abbildung 115), ein sehr viel einfacheres Prozedere, weil die Rückseite weniger tief und offen war. Die Öffnung auf dem hinteren Teil ist breiter als diejenige auf der Rückseite der Front. So hat man keine Schwierigkeiten, die beiden Teile zusammenzufügen, und man teilt den vorderen vom hinteren Teil des Labyrinths noch zusätzlich ab (Abbildung 116).

Abbildung 113

Abbildung 115

Abbildung 114

Abbildung 116

Als die beiden Teile fertig waren und mit Schrauben zusammengefügt wurden, waren einzelne Partien ziemlich dunkel, zum Beispiel der Flur links, die Treppe und die Räume rechts (Abbildung 117). Von oben bohrte ich Löcher in diese Teile und baute Perspexstäbe hinein (Abbildung 116 macht dies sichtbar). Die Lichtquelle bildet eine kleine Neonröhre über dem hinteren Teil, hinter dem Hauptblock versteckt. Diese dunklen Partien werden dann von einer unsichtbaren Lichtquelle leicht erhellt und deuten eine grössere Tiefe an als die, die sichtbar ist (Abbildungen 118 und 119).

Abbildung 117

Abbildung 118

Schliesslich wurde eine kleine Figur des *Minotaurus* geschnitzt und nicht zu augenfällig in den Tunnel eingesetzt (Abbildung 120).

Diese Schnitzerei lässt sich schlecht fotografieren, doch der allgemeine Eindruck ist ersichtlich.

Ich könnte mir vorstellen, dass einige Experimente mit Innenraumkulissen, in der Art wie sie die holländischen Maler liebten, vielleicht in einem grösseren Massstab Früchte tragen könnten.

Abbildung 119

Abbildung 120: Mit freundlicher Genehmigung von Mr K.P. Kelly.

Grenzen

Kerbschnitzerei ist eine einfache Form der Schnitzerei. Sie ist in Deutschland, in der Schweiz, in Österreich und in den USA sehr populär. Obwohl sie seit langem kaum mehr Anwendung findet, sieht man sie in Grossbritannien zeitweise noch auf alten Eichenmöbeln. Holzbildhauerei ist heute in diesem Land eine künstlerische Betätigung – im Gegensatz zur Kerbschnitzerei, die eher als wenig abwechslungsreich, einfallslos und unbedeutend angesehen wird.

Obwohl ich Kerbschnitzen nicht unbedingt interessant finde, vermittelt es doch viel Übung für saubere Schnitte. Schliesslich bestehen alle grundsätzlichen Schnitztechniken aus dem Schnitzen von Kerben und Flächen in den verschiedensten Formen. Der Erfolg liegt dann meistens in der Sauberkeit der Schnitte. Die Kerben werden in der Regel mit Flacheisen oder speziellen Kerbschnittmessern ausgeführt. Vielmals werden abgeschrägte Flacheisen verwendet, aber ein normales Flacheisen Nr. 1 wird gute Dienste erweisen.

Die Grundform besteht aus einem Dreischnitt, wie in Abbildungen 122, 123 und 124 gezeigt. Wie Abbildung 121 sichtbar macht, gibt es unzählige Variationen, diese Dreiecke aneinanderzureihen, und viele ausgezeichnete Bücher erklären, wie es gemacht wird.

Eine wichtige zusätzliche Hilfe beim Kerbschnitzen ist die Beleuchtung. Diese muss bei der Planung eines Werkes unbedingt in Betracht gezogen werden. Da die Schnitzerei für einen Lichtfang nicht angepasst werden kann, wie dies im Beispiel eines Flachreliefs der Fall ist, muss eine kräftige Seitenbeleuch-

Abbildung 122

Abbildung 123

Abbildung 124

Abbildung 121

tung vorhanden sein, um sie interessant erscheinen zu lassen. In diffusem Neonlicht wird eine solche Schnitzerei fast unsichtbar. Nur ein starker Lichtstrahl aus einem flachen Winkel zur Oberfläche wird die wahre Form des Reliefs wiedergeben. Es kann den Anschein erwecken, dass ich viel Gewicht auf Beleuchtung lege, doch ist es üblich, dass Bilder einzeln mit Spotlichtern belichtet werden; ich kann dasselbe für Schnitzereien nur empfehlen.

Mein Interesse liegt in der Anwendung der *Grundsätze* der Kerbschnitzerei, um einen bildlichen Effekt zu erhalten, der zweitrangig und zudem das Muster der eigentlichen Schnitte ist.

Für das Projekt *Grenzen* dienten mir die geometrischen Gemälde von Spyros Horeums (Abbildungen 125 und 126) als Grundlage. Ich zeichnete ein Relief, in dem das Muster der Kerben auf der planen Oberfläche eine Illusion von Vertiefung wiedergibt. Um die Vor-

Abbildung 125

stellung von Perspektive zu erhöhen, habe ich einen Blickfang in Form von zwei Figuren einbezogen. Die Nähere zeigt mit dem Finger auf die weiter entfernte und führt so das Auge. Sicher ist dies ein offensichtlicher, fast naiver Plan, der aber die Tiefe klar anzeigt. Ohne Figuren hat das Muster nur Tiefenwirkung, aber ohne greifbare Verbindung zur reellen Welt; mit dem Einbezug der Figuren wird es zum Tunnel. Die Figuren selbst sind vereinfacht und sehr flach. Sie sind eher Symbole als realistische Wiedergaben der menschlichen Form. Hat man Figuren im Relief, heisst das, dass auch ein Boden, auf dem sie stehen, da sein sollte und mehr Material (Holz) für ihre Formung benötigt wird. Dies macht man entweder durch das Aufleimen von zusätzlichem Holz oder durch das Zurückversetzen des Hintergrundes. Ich wollte die ganze Füllung in einer grossen Vertiefung machen, das heisst in

Abbildung 126

einer umgekehrten Hohlpyramide, die am Scheitelpunkt nur 12 mm tief war, genug jedoch, um die Figuren leicht formen zu können (Abbildung 127).

Zu meiner Bestürzung erfuhr ich, dass das gewählte Holz, Douglaise, sehr schwierig zu bearbeiten ist, besonders dann, wenn eine saubere Kerbe geschnitzt werden sollte. Doch, nachdem mir die hervorstehenden Figuren geglückt waren, schnitzte ich den Boden, und zwar so, dass er wie unebene Pflastersteine aussah. Sie werden herausfinden, dass es einfacher ist, die Schnitte quer zu den Fasern mit einem scharfen Messer auszuführen, um dann mit einer Nr. 2/12 mm den Span zu entfernen, als alles mit einem Flachmeissel zu bewerkstelligen.

Hat man einmal die Technik für das Herausschnitzen der Kerben begriffen, ist die einzige Schwierigkeit, die kleinen scharfen Ecken mit dem Flacheisen oder einem spitzen Messer sauber auszuarbeiten. Gegen die Mitte zu braucht es immer feinere Werkzeuge. Zur Oberflächenbehandlung wandte ich einen klaren Hartgrund gefolgt von mattem Kunstharzlack an. Abbildung 128 zeigt die fertige Schnitzerei.

Abbildung 127

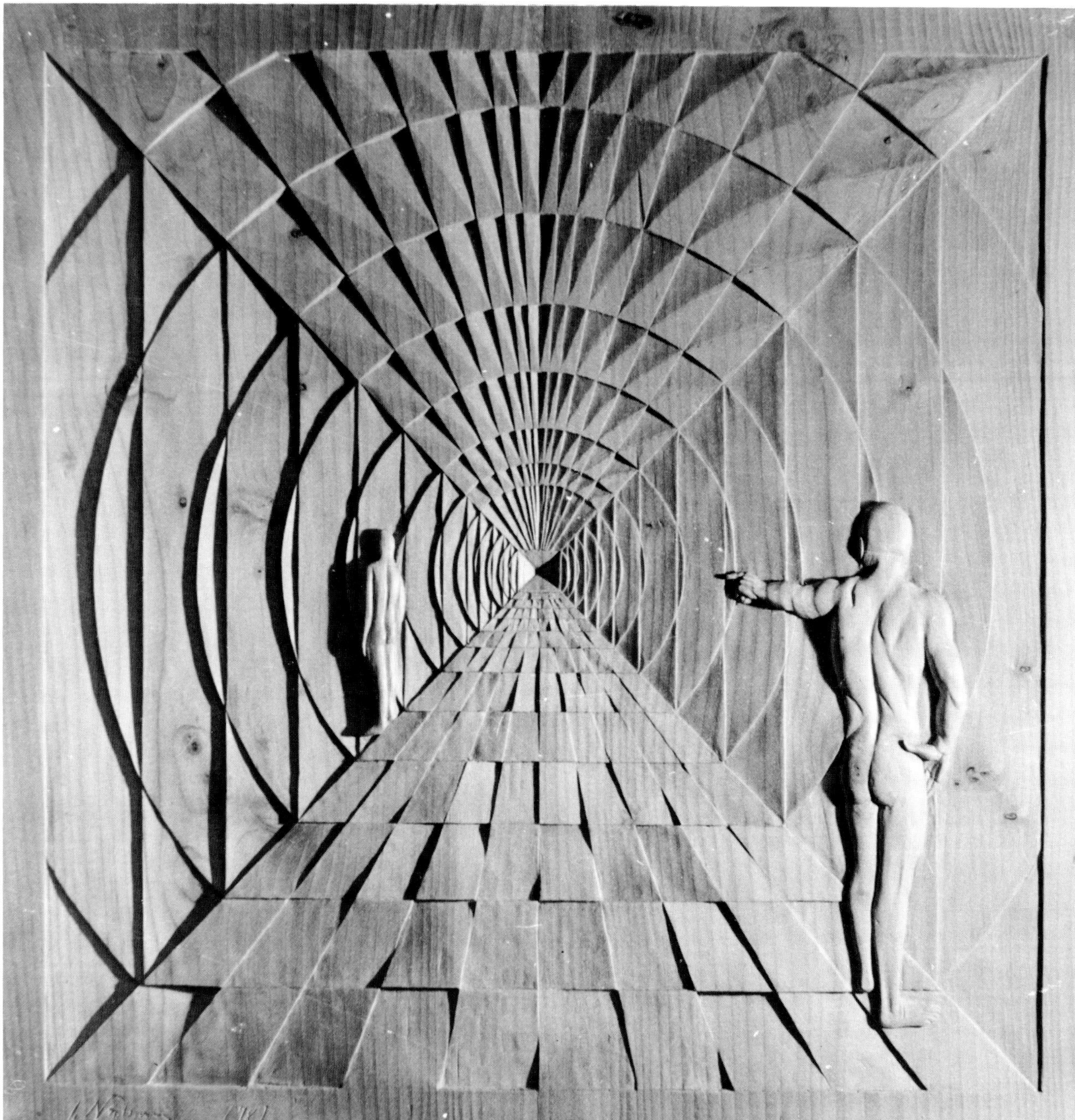

Abbildung 128: Mit freundlicher Genehmigung von Mr und Mrs A.E. Penning.

Schlussfolgerungen und Entwicklungsmöglichkeiten

Tolstoi sagte, Kunst sei nicht ein Handwerk, es sei ein Übertragen von Gefühlen, die der Künstler erlebt habe. Ich glaube, dass dies stimmt. Entfernen Sie andererseits die Gefühle, nehmen Sie die Kunst weg, und zurück bleibt das Handwerk. Ich fand die Reliefschnitzerei geeigneter für Kommunikation und Ausdruck der eigenen Persönlichkeit als dreidimensionale Formen. Die Einschränkungen der Vollplastiken zwingen zu mehr Überlegungen betreffend des Tuns, weil nur ein äusserst durchdachter Entwurf eine Idee im Holz vermitteln kann. Es wird beispielsweise sehr schwierig sein, einen Adler im Sturzflug mit aufgespreizten Fängen, bereit seine Beute zu packen, zu schnitzen. Die Merkmale des Greifvogels müssen analysiert, erfasst und in die Studie einer anderen Stellung, vielleicht sitzend auf einem Felsen, einbezogen werden. In einem Relief kann ein solches Motiv wunschgemäss, wenn nötig sogar mit einer Bergschlucht, geschnitzt werden. Eine Schnitzerei wirkt somit sehr bald einmal wie ein Bild, was Fallen und auch Möglichkeiten in sich birgt.

Vom sonderbarsten Surrealismus bis hin zum Ultratraditionellen kann beinahe alles in Relief geschnitzt werden. Es ist das Gegenstück zur Malerei. Wenn Sie einmal die aufregenden Möglichkeiten der Reliefschnitzerei erkannt haben und davon erfasst sind, werden Sie sich vielleicht fragen, warum der Vollplastik so viel Aufmerksamkeit geschenkt wird.

Schriften, die anschliessend in diesem Buch besprochen werden, sind weniger geeignet für dramatische Effekte, doch haben sie eine feinere Wirkung. Fragen Sie eine Werbeagentur! Stil und Präsentation der Buchstaben, Farbe, Grösse und Stellung sind alles Eigenschaften, die bei einem Betrachter eines Produktes verschiedene Reaktionen hervorrufen können. Dasselbe gilt bei geschnitzten Schriften; schon anhand eines einfachen Schriftzuges an einem Gebäude lässt sich über Bewohner und Stil einiges aussagen. Ich habe eine grosse Vorliebe, Schriften in die Schnitzerei einzubeziehen. Alles in allem sind Kerbschnitzereien und Schriften Reliefschnitzereien, obwohl sie eine andere Botschaft vermitteln. Der Schriftzug TUT-ANKH-AMUN im ägyptischen Relief ist so bedeutungsvoll – er scheint die ganze Geschichte des alten Ägyptens heraufzubeschwören –, dass die einfache Schnitzerei ganz anders wirkt, als wenn die Schrift fehlen würde. Reliefschnitzerei und Schriften können sehr einfach sein; sie verlangen keine technische Beschlagenheit. Wenn das Gefühl vorhanden ist, lassen sich sehr erfolgreiche Werke daraus gestalten. Vorstellungskraft und Experimente helfen dabei viel.

6. Schriften

Kerbschriften

Römische Antiquabuchstaben waren und sind die am häufigsten angewendeten Grossbuchstaben. Die eingemeisselten Buchstaben im Sockel der Trajanssäule in Rom, 114 v.Chr. erstellt, stehen seit über 2000 Jahren für die klassische Norm von Proportionen und Würde. Versuche, diese abzuändern, haben sicher nicht zur Verbesserung beigetragen. Die Buchstaben wurden aus dem griechischen Alphabet durch die Etrusker weiterentwickelt. Es wird angenommen, dass die Schrift von einem Künstler mit einem breiten Pinsel, immer im gleichen Winkel gehalten, direkt auf den Stein gemalt wurde, was Striche und Serifen unwillkürlich in verschiedenen Breiten erscheinen lässt. Von einem Steinmetz wurden diese dann in den Stein gehauen. Diese Buchstaben wurden für alles Schriftliche benutzt. Weil sie aber in der Anwendung mühsam waren, fanden die Manuskriptschreiber für den allgemeinen Gebrauch eine einfachere Schrift: die Rustica. Die quadratischen Buchstaben wurden fortan nur noch für Titelseiten, Überschriften und Initialen verwendet. Heute dienen sie uns als Grossbuchstaben (Abbildung 129).

Obwohl viele Mathematiker und Künstler ein genaues System zur Konstruktion der Buchstaben auf der Trajanssäule herausfinden wollten, gibt es keines. Die einzigartige Qualität der römischen Schrift bedingt keine sklavische Wiedergabe. Andere Zeiten, andere Gesellschaften und geänderte Anforderungen haben eine unzählige Reihe an Schrifttypen und Alphabeten hervorgebracht. Die römischen Buchstaben, als Steinschrift gedacht, lassen sich sehr gut in Holz anwenden. Sie sind populär und sollen als Grundlage für unsere erste Übung dienen.

So wie kein mechanisches System für die Herstellung römischer Antiquaschrift besteht, gibt es keine Normen betreffend der Abstände zwischen den Wörtern und den einzelnen Buchstaben. Jedes Wort und jede Wortgruppe steht als Einzelproblem da und bedarf einer neuen ästhetischen Überlegung und Entscheidung. Die Schönheit einer Schrift besteht in der Lesbarkeit, in deren Einfügung ins Ganze und in sauber ausgeführten Schnitten. Nur Übung, Erfahrung, Beobachten und auch Glück werden Ihnen helfen, damit die Ästhetik gelingt. Das Schnitzen selbst ist einfach zu erlernen.

Der erste Schritt zur Schriftschnitzerei besteht darin, dass man sich ein gedrucktes Alphabet beschafft, dieses studiert und abzeichnet, um dessen Geometrie zu erlernen. Gedruckte Alphabete sind schwierig zu bekommen, doch gibt es eine Fülle an Kalligraphiebüchern im Handel und in Bibliotheken. Man beginnt am besten mit einem einzelnen Wort, wie zum Beispiel mit dem Namen eines Hauses, auf einem nicht zu kurzen Holzbrett. So können Sie am einen Ende beginnen und das Wort aufzeichnen, ohne daran denken zu müssen, ob es in der Länge passt oder nicht.

Abbildung 129

Nach jahrelanger Erfahrung im Schnitzen von Schriften weiss ich, dass es vorteilhafter ist, eine genaue 1 : 1 Zeichnung der Schrift auf Papier zu zeichnen, als diese direkt aufs Holz zu bringen. Bald einmal werden Sie herausfinden, dass Sie ein paarmal Anlauf nehmen müssen. Viele Sachen können vorerst schiefgehen: Die Buchstaben haben auf der vorhandenen Länge nicht Platz; Sie müssen die Buchstaben schmälern, das heisst die Masse des ursprünglichen Alphabets abändern oder die Zwischenräume verkleinern, was das Aussehen des Schriftbildes sehr beeinträchtigen kann. Sicher kann man die geraden Buchstaben näher aneinanderreihen, doch wirken dann die Runden wie grosse Löcher. Es wird deshalb unumgänglich sein, die ganze Schrift zu verkleinern, was sich wiederum auf das Gleichgewicht des Brettes auswirken kann. Viele Tücken sind offensichtlich – es ist klar, dass es auffällt, wenn zwei Buchstaben zu weit auseinander oder einander zu nahe stehen. Manchmal ist der Weg zur brauchbaren Zeichnung lang und mühsam. Zum Glück gibt es einige ausgezeichnete Fachbücher darüber, und Beispiele sind überall zu sehen. Die Breite der breiten Buchstabenstriche sollte ungefähr einem Zehntel der Höhe entsprechen, die schmalen Striche sind dann etwa halb so breit. Aber auch diese Formel sollte nicht stur angewandt werden.

Ist die Zeichnung einmal fertig, besorgt man sich ein Holzbrett, das man so glatt als möglich hobelt (Eiche eignet sich immer besonders gut) und paust die Schrift auf das Holz. Die Fasern sollten horizontal zum Schriftzug verlaufen. Verlaufen sie senkrecht, wird das Schnitzen wesentlich erschwert. Das Holz wird fest in die Werkbank eingespannt. Wenn das Holz bei jedem Schlag auf den Meissel federt, kann dies sehr lästig sein.

Die senkrechten Striche kommen zuerst. Gehen Sie von einer Buchstabenhöhe von 40 mm aus, nehmen Sie ein 35 mm Flacheisen, und setzen Sie es senkrecht auf den Mittelstrich des Buchstabens; Sie könnten sogar mit einem Anschlagwinkel und einem Messer die Mittellinie anritzen. Der Meissel wird mit dem Holzschlegel etwa 3 mm ins Holz getrieben (Abbildung 130). Die Schnitte sollten nicht weiter als 3 mm vom oberen und unteren Rand des Buchstabens enden.

Abbildung 130

Nun hält man den Meissel in 55° Schräge an die linke Seite des Buchstabens (Abbildung 131). Der Schlag sollte stark genug erfolgen, um bis auf den Grund des V-Schnittes zu kommen. Das gleiche wird auf der rechten Seite wiederholt (Abbildung 132), so dass der Span herausfällt und ein perfekter V-Schnitt zum Vorschein kommt. Wenn dem nicht so ist, wird er mit dem Meissel mit Handdruck gesäubert.

Abbildung 131

Ohne Zweifel sind runde Buchstaben schwieriger. Ich will die Schwierigkeiten im Fall eines R beschreiben. Der runde Teil besteht aus einem Halbkreis, der gegen den soeben geschnitzten senkrechten Strich verlängert ist. Wir müssen uns mit drei verschiedenen Radien beschäftigen. Eigentlich ist nur der äussere ein richtiger Kreis, der mittlere und innere sind zunehmend elliptisch. Daraus lässt sich ableiten, dass wir drei verschiedene Meiselformen benötigen.

Zuerst suchen wir einen Meissel, der in die Form der Mittellinie passt, und führen einige senkrechte Schnitte aus (Abbildung 133).

Abbildung 132

Dies ist das Grundprinzip der eingekerbten Buchstaben, der Kerb- und überhaupt der meisten Schnitzerei. Wenn Sie nicht einen schönen Span erhalten, sieht die Schrift in den Ecken unsauber aus. Ebenfalls unschön wird es aussehen, wenn der erste Schnitt zu tief gerät und unten im V sichtbar bleibt.

Abbildung 133

Nun wählen wir ein Werkzeug, das zum Umfang des Kreises passt, und machen eine zweite Serie Schnitte in 55° Schräge, um die Aussenseite des V zu erhalten (Abbildung 134).

Der innere Schnitt ist schwieriger, weil der Meissel leicht flacher sein muss als die Rundung der Buchstabeninnenkante. Ein mit der Rundung zu perfekt übereinstimmendes Werkzeug hinterlässt einen feinen Grat zwischen den einzelnen Schnitten und bewirkt ein unsauberes Aussehen. In einigen Fällen kann der ganze oder zumindest ein Teil des inneren Bogens mittels eines kleinen Flacheisens geschnitzt werden, wie zum Beispiel die mittlere Sektion des R (Abbildung 135).

Jetzt kommen wir zu den Serifen, die im Grunde genommen nicht schwierig sind. Schwierig sind sie jedoch in dem Sinn, dass sie sehr sauber geschnitzt sein sollten, um dem Buchstaben die Eleganz und Feinheit zu verleihen, die ihm eigen sind. Zu oft enden sie als schwerfällige, dreieckige Schnitte, oben und unten am Buchstaben angehängt.

Abbildung 134

Abbildung 135

Nehmen wir das untere Ende des senkrechten Strichs des R, haben wir einen V-Schnitt vor uns, der 3 mm vor Ende des Strichs aufhört. Wählen Sie jetzt ein sehr scharfes 9-mm-Blumeneisen Nr. 3. Die spitzen Ecken des Blumeneisens ermöglichen auch in den tiefsten Winkeln einen sauberen Schnitt. Wir beginnen mit der linken Seite, den Buchstaben auf den Kopf gestellt. Legen Sie die Schneide auf der linken Seite des V-Schnittes an – an der Stelle wo dieser aufhört –, den Schaft parallel zum Strich (Abbildung 136). Jetzt stösst man den Meissel vorwärts, dreht den Griff leicht nach links und drückt die rechte Seite der Schneide tiefer ins Holz (Abbildung 137).

Das Ganze wird auf der rechten Seite wiederholt. Indem man das Blumeneisen an einem Ende eines der gerade getätigten Schnitte ansetzt und der Grundlinie des Buchstabens entlang in einem 55° Winkel führt, löst man den Span (Abbildung 138).

Abbildung 137

Abbildung 136

Abbildung 138

Der Punkt, an dem der V-Schnitt die Serife trifft, ist meistens etwas tiefer als der V-Schnitt selbst.

Wenn ein dünner Strich mit einem breiten Strich oder mit einer Serife zusammenkommt, wie zum Beispiel in der Mitte und am oberen Ende des R, stellen Sie nur einen Strich nach dem andern fertig; Sie erhalten damit einen natürlichen Übergang (Abbildung 139).

Abbildung 139

Mit einiger Praxis werden Sie herausfinden, dass es einfacher ist, jeweils alle senkrechten Schnitte zuerst auszuführen und nach dem erneuten Schärfen der Meissel die schrägen. Es ist so rationeller, und die Schnitte und Winkel werden gleichmässiger. Schnitte, die mit den Fasern verlaufen, können Schwierigkeiten bereiten, die aber wiederum mit einem Geissfuss angegangen werden können. In der Regel mache ich am Ende eines solchen Striches einen Stopfschnitt, damit der Span sauber gelöst werden kann.

Nachdem die Schrift beendet ist, wird das ganze Brett mit Schleifpapier und -klotz geschliffen, um die verbleibenden Bleistiftstriche zu entfernen. Die Oberflächenbehandlung hängt jeweils vom Standort der Schrift ab. Für Aussenzwecke kommen meistens Eiche, Teak oder Iroko zur Anwendung, die jeweils geölt werden. Innen können aber fast alle Holzarten verwendet werden, obwohl eine allzu starke Maserung die Lesbarkeit beeinträchtigen kann.

Es gibt Leute, die einen Geissfuss für römische Schriften verwenden. Ich selbst finde das Resultat höchst unbefriedigend und würde es niemandem empfehlen. Doch kann ein Geissfuss bei anderen Schriftarten gute Dienste leisten, wie zum Beispiel zur Nachahmung einer Handschrift – ich signiere alle meine Werke mit einem Geissfuss 3 mm 45° in einer typischen Handschrift, die von den Schreibgelehrten im 19. Jahrhundert gebraucht wurde. Das Beispiel hier stammt aus dem 20. Jahrhundert.

Inschriften dieser Art sind mit dem Geissfuss nicht schwierig, doch benötigt der Anfänger viel Praxis, damit mit einer guten Werkzeugführung eine flüssige Linie erreicht werden kann. Das Hinausfahren über die Linie ist sehr schnell geschehen und kaum mehr auszubessern. Ein weiches Holz, beispielsweise Linde, ist für diese Art Arbeit richtig. Hartholz, beispielsweise Eiche, bedarf grösseren Drucks und somit grösserer Beherrschung.

Zuerst wird die Schrift sorgfältig so aufgezeichnet, dass beide Schnittkanten ersichtlich sind (Abbildung 140). Mit einem aufs äusserste geschärften Meissel machen sie jetzt lange, schwungvolle Schnitte, am besten in einer leichten Rundung beginnend. Die angezeigten Schnitte und deren Richtungen sind nicht zwingend und frei wählbar. Ich bin Linkshänder, was meinen Arbeitsgang sicher beeinflusst (Abbildung 141). Die Geissfussmethode kann gut in Kombination mit einer normalerweise gekerbten Schriftart wie beispielsweise Fraktur angewandt werden.

Abbildung 140

Abbildung 141

Erhabene Schriften

Es gibt viele Schriftarten, die nicht mit der Einkerbmethode geschnitzt werden können. Sicher könnten diese ganz einfach wie flache Vertiefungen ins Holz geschnitten werden, doch das Aussehen würde auch entsprechend sein. Gekerbte römische Buchstaben leben vom Licht- und Schattenspiel. Bei flachen Buchstabenböden würde es sich gegenteilig auswirken. So werden diese Buchstaben, eigentlich alle diejenigen ohne Serifen, erhaben geschnitzt. Das Bauhaus ist die Grundlage mancher Schriftart. Nach der Industrialisierung entwickelten sich zwei verschiedene Richtungen. In Grossbritannien waren es William Morris und seine Nachfolger, die strikte gegen maschinenhergestellte Produkte vorgingen und das Kunsthandwerk wieder einführten. Diese Bewegung dauerte lange an, vielleicht sogar bis heute. Die Produkte jedoch waren sehr teuer, und viele Leute sind sogar der Meinung, sie seien anachronistisch. Morris Beeinflussung ist aber immer noch sehr stark in fast allen Kunst- und Gestaltungsrichtungen.

Die gegenteilige Reaktion kam aus Deutschland, wo eine Gruppe von Künstlern und Gestaltern um Walter Gropius die Bauhaus-Bewegung gründete. Das Bauhaus schloss das Maschinenzeitalter in sein Herz und versuchte, die Handarbeit zu eliminieren. Seine Beeinflussung ist auch heute noch, vor allem im Drucksektor, sehr gross. Buchstaben ohne Serifen wurden von Druckern bearbeitet, denen sie beachtliche Probleme brachten. Diese Schriftarten wurden als so hässlich empfunden, dass sie als Groteskschriften bekannt wurden. Das Problem der Zwischenräume war noch gegenwärtig. Das Bauhaus eliminierte dies durch eine Schriftart, die mathematisch errechnet wurde. Die Breite der Buchstabenstriche ist immer gleich und ist gleich der Breite der Zwischenräume. Alle Buchstaben sind aus geraden Linien und Kreisen aufgebaut (Abbildung 142).

Im aufgeführten Beispiel beträgt die Breite 10 mm (Breite der Striche und Zwischenräume). Das «b» ist aus einem geraden Strich und zwei zusammengefügten Kreisen zusammengestellt. Das Strichende oben ragt 10 mm über den oberen Kreis hinaus. Das «a» ist aus zwei Kreisen geformt, der untere 5 mm vom oberen nach links versetzt, verbunden mit geraden Linien. Der Zwischenraum beträgt 10 mm. Die Kreise haben einen Innendurchmesser von 10 mm und aussen von 30 mm. Trotz der mathematischen Grundlage müssen diese Buchstaben sehr genau gezeichnet werden.

Um von der Theorie zur praktischen Übung zu wechseln, zeichnen Sie zuerst das Wort auf und pausen es mittels Kohlepapier auf das Holz (Abbildung 143). Etwaige erhabene Kanten oder Rahmen werden auch aufgezeichnet. Erhabene Schriften sind meistens nicht tief geschnitzt, in diesem Fall etwa 7–8 mm. Die Kanten sind nicht senkrecht, sondern in einem leichten Winkel schräg nach aussen geneigt. Der schnellste Weg, den Hintergrund hinabzusetzen, ist derjenige mit einem Handoberfräser. Dies garantiert einen äusserst flachen Hintergrund, und geübte Hände bringen den Fräser sehr nahe an die aufgezeichneten Buchstaben heran (Abbildung 144). Begeht man jedoch mit dem Oberfräser einen Fehler, ist er meistens gravierend.

Das überschüssige Holz kann auch mit Schale und Flacheisen weggeschnitzt werden. In diesem Beispiel kann fast alles mit einer Nr. 9/6 mm bis auf 1 mm der gewünschten Tiefe herausgenommen werden (Abbildung 145).

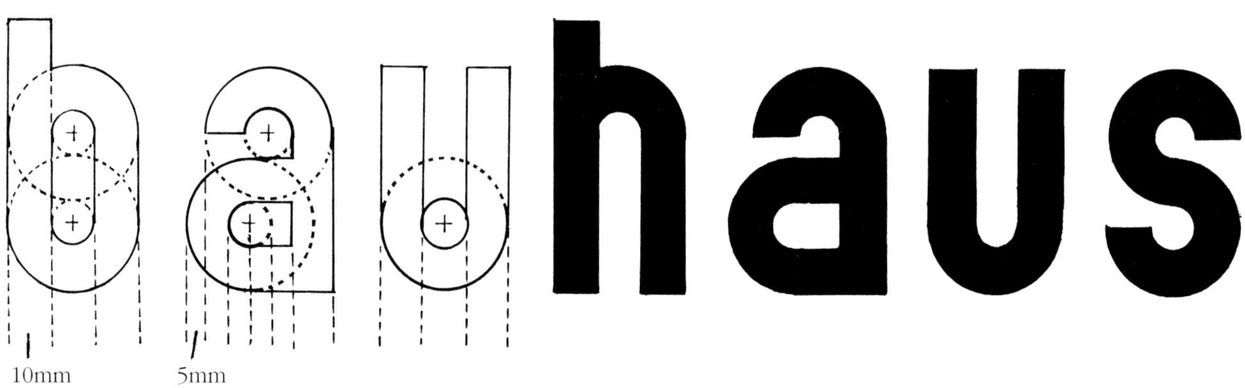

Abbildung 142: Die Buchstaben werden aus Geraden und Kreisen aufgebaut. Zusammen mit den stur gleichbleibenden Strichbreiten verleihen sie dieser Schriftart ein eher farbloses, gleichmässiges Aussehen.

Abbildung 143

Abbildung 144

Abbildung 145

Um den Buchstaben ihre Schlussform zu geben, bedarf es jetzt sehr scharfer Meissel und sauberer Schnitte. Am besten geschieht dies mit der Innenseite einer Nr. 3/12 mm für die runden Bereiche. Die Buchstaben nach aussen abzuschrägen, sollte nicht vergessen werden (Abbildung 146).

Für die geraden Bereiche kommen Flacheisen zur Anwendung (Abbildung 147). Dies alles ist ziemlich einfach, doch muss es schon beim ersten Mal richtig sitzen. Die inneren Rundungen an den Schleifen sind etwas schwieriger. Verwenden Sie eine Schale, die eine kleinere Rundung hat als der Buchstabe, und führen Sie den Schnitt schräg gegen die Mitte der Schleife aus. Man muss immer darauf bedacht sein, nicht zu tief zu stechen, damit die Schnitte nicht einen unschönen Hintergrund verursachen. Nach dem Formen der Buchstaben muss der Hintergrund gesäubert werden. Mit einem gekröpften Flacheisen, 3–6 mm breit, kann um die Kanten der Buchstaben herum gesäubert werden, während eine gekröpfte Nr. 2 oder Nr. 3 für die grösseren Flächen dienlich ist und einen dezent bearbeiteten Hintergrund erzeugt.

Manchmal wird der Hintergrund der Schrift mittels Punzieren gehämmert. Diese Punzhammer können in einem Eisenwarengeschäft erworben oder selbst gebastelt werden. Durch eine gekörnte Oberfläche wird die Schrift noch mehr hervorgehoben. Wenn es gut gemacht ist, kann es durchaus eindrucksvoll wirken. Leider wurden in der Vergangenheit gehämmerte Hintergründe oft mit schlechten Schnitzereien auf billigen Möbeln in Verbindung gebracht, so dass es zu einer Abkehr von dieser Technik kam (Abbildung 148).

Abbildung 146

Abbildung 147

Abbildung 148: Der Hintergrund kann entweder glatt (linke Bildseite) oder gehämmert (rechte Bildseite) sein.

Unten werden einige Beispiele verschiedener Methoden von Schriftschnitzerei gezeigt (Abbildung 149).

«G» und «H» sind wahrscheinlich die einfachsten. Mehrheitlich werden diese Schriften mit Meissel oder Messer umfahren, um dann im ersten Beispiel den Hintergrund und im zweiten den Buchstaben selbst zu hämmern. Die veränderte Struktur macht die Schrift leserlich. «I» ist ähnlich und unterscheidet sich nur im Hintergrund, der hier mit feinen Strichen mittels Geissfuss oder Bockfuss strukturiert wurde. Im Beispiel «N» wird der Bereich um den Buchstaben mit einer Schale bearbeitet, die eine belebte Oberfläche hinterlässt. «L» ist fast so einfach wie die vorangegangenen Buch-

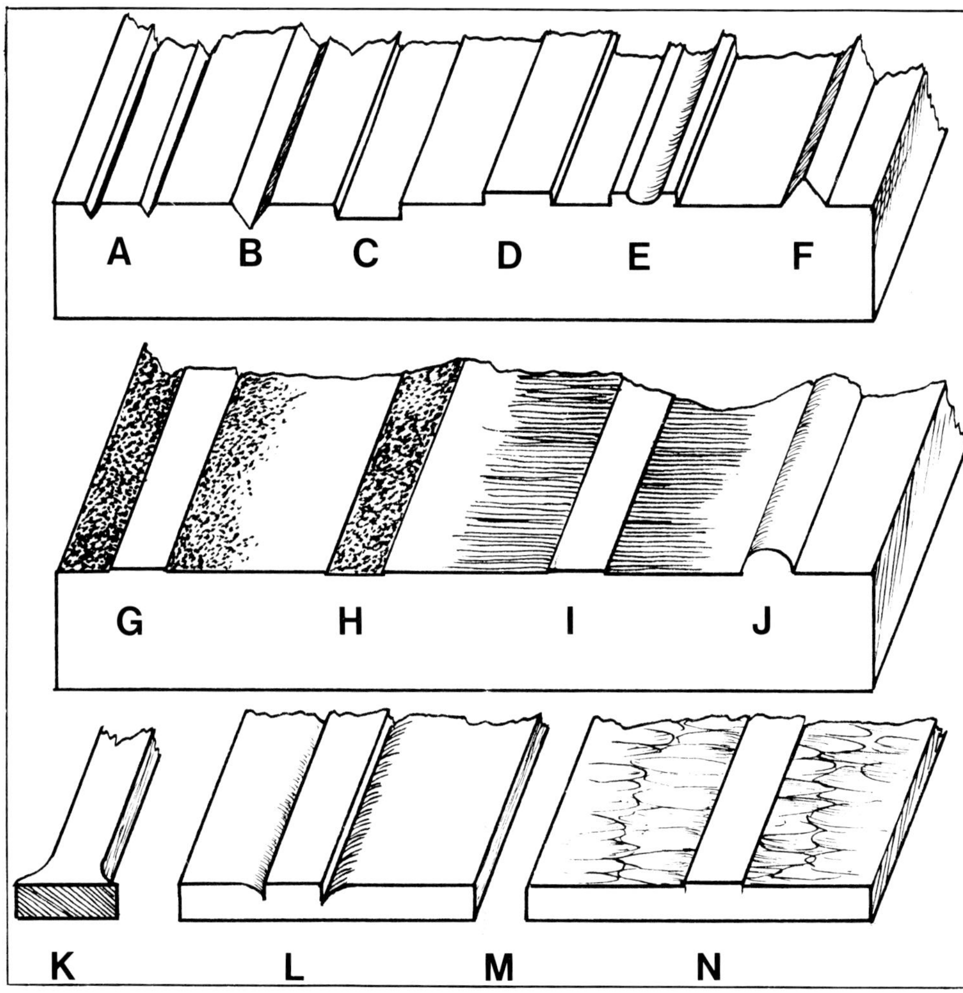

Abbildung 149

staben. Der Umriss der Buchstaben wird mit dem Geissfuss tief eingeschnitten und der Hintergrund dann abgerundet. Dies bewirkt einen gepolsterten Effekt. Im Beispiel «A» werden lediglich die Umrisse mit einem Geissfuss umfahren. «B» ist eine gewöhnliche eingekerbte Schrift. «C» ist eine vertiefte Rinne und «D» ist erhabene Schrift, wie soeben beschrieben. Diese wird manchmal verziert, indem man in der Mitte eine Hohlkehle anbringt, wie bei «E». «F» und «J» vereinigen die Schwierigkeiten der erhabenen Schrift mit den Problemen geformter Buchstaben in pyramidenförmiger oder halbrunder Form. «K» ist ein vollständig ausgesägter Buchstabe, der daraufhin geschnitzt werden könnte, und «M» ist ein durchbrochener Buchstabe.

Anregungen

Wenn Sie nach Beispielen von wirkungsvoller, einfallsreicher Anwendung geschnitzter Schriften Ausschau halten, kommt bald einmal der grosse Mangel zum Vorschein, wobei es eine Menge mittelmässiger gekerbter römischer Schriften gibt. Ein Kirchenbesuch wird Ihnen einige Beispiele von Denkschriften, Namensschildern und Bibelsprüchen aufzeigen. Wappen haben fast ausnahmslos ein Spruchband unter dem Schild, doch sind diese meistens in Stein gehauen. Was sich in Stein hauen lässt, kann auch in Holz geschnitzt werden; ein Friedhofrundgang kann sehr lohnend sein. Das erste Beispiel, das ich fand,

Abbildung 150

stammt von einer Füllung, auf der das Wort «Frühling» in zierlicher, erhabener Schrift auf einem Band geschnitzt ist. Das Werk ist in Birnbaum, fein geschnitzt und passt sehr gut zum Sujet (Abbildung 150).

Das Monogramm ist eine eigenständige Kunst, und viele Bücher befassen sich damit. Das Monogramm in Abbildung 151 finde ich ein wenig verworren. Auf der Rückseite einer Stuhllehne steht es für *Regimental Sergeant Major Pioneer Corps*. Der Hintergrund ist gehämmert und das ganze Stück ziemlich abgenützt. Das Monogramm in Abbildung 152 ist viel klarer und von besserer Qualität. Es stammt von einer Kanzel aus Parana-Kiefer und die geschnitzten Buchstaben sind vergoldet. Die erhabene gotische Schrift aus derselben Kirche beweist ausgezeichnete Kunstfertigkeit, obwohl der gehämmerte Hintergrund grob und ungleichmässig ist (Abbildung 153). Diese Art von erhabener Schrift verlangt grösste Sorgfalt und genaueste Arbeit; sie ist sehr dekorativ auf Möbeln und Ausstattungsgegenständen.

Abbildung 151

Abbildung 152

Abbildung 153

Abbildung 154

Ein anderes Beispiel dekorativen Gebrauchs von Inschriften ersieht man auf dem Tor in Abbildung 154. Dieses Gebilde ist sowohl Friedhofeingang als auch Denkmal für einen toten Marineoffizier. Die langen Buchstabenreihen auf den Eichenbalken sind visuell einleuchtender als das geistige Zitat. Die Inschrift macht das öde, schwere Bauwerk viel leichter und interessanter. Die Jahrzahl ist 1914. Anstelle eines geschnitzten Blätterwerks sind Zahlen in kunstvoll verzierter Buchstabenform geschnitzt. Beachten Sie, wie das Hohlprofil unter der Zahl und der Tudor-Rose verläuft – eine sehr geschickte Arbeit.

Polyphones (Abbildung 155) sind grosse Musikdosen, die aus der Jahrhundertwende stammen und ausnahmslos den Namen irgendwo eingeschnitzt haben. Die Buchstabenform ist grundsätzlich ähnlich der romanischen Schrift, vielleicht jedoch etwas schwieriger zu schnitzen. In den meisten Fällen wurde die Schrift vergoldet.

Abbildung 155

Abbildung 156

Abbildung 157

Kelche aus der Zeit Jakob I. sind wunderbare Gegenstände. Ich nehme an, dass das grosse Interesse an ihnen auf die delikaten, spitzenartigen Verzierungen und Inschriften auf deren Oberfläche zurückzuführen ist (Abbildung 156). Ich bin nicht sicher, ob die Verzierungen geschnitzt oder eingebrannt sind; sie sind aber sehr flach, fein und klein.

Schliesslich soll als dekoratives Beispiel das Signet an der Türe meiner Werkstatt dienen. Dieses entstand mit Hilfe eines Geissfusses innerhalb von einer Stunde (Abbildung 157). Mit einem Durchmesser von 250 mm ist es eigentlich zu klein. Die kleinen Rundungen sind zu eng für den Geissfuss, um sorgfältig ausgeführt werden zu können, ohne dass die Aussenkante abbricht. Einmal auf das Holz gezeichnet, ist es aber fast so einfach wie schreiben.

Hausschilder sind eine lukrative Beschäftigung. Die vier hier vorgestellten sollen eine Auswahl verschiedener Schriftarten wiedergeben. Das erste (Abbildung 158) wirkt eher starr. Es steht in Widerspruch zum hübschen Namen und zum schönen Haus. In Eibe gemeisselt, sind die kräftigen Schnitte im Buchstabenboden ersichtlich. *Bramble Cottage* (Abbildung 159) ist eine geschickt entworfene Inschrift mit vielen sauber geschnitzten Rundungen. Betrachten Sie, wie ähnlich sich die Buchstaben «a» und «e» sind. Ohne rustikal zu wirken, ist der Stil attraktiv und leicht lesbar. *April Cottage* (Abbildung 160) besteht aus ausgesägten und aufgesetzten Buchstaben. Es ist sehr wirkungsvoll, wenngleich auch ungeeignet für ein altes steinernes Landhaus. Die Buchstaben sollten möglichst einfach sein, damit sie mit der Laubsäge ausgesägt werden können. Von Hand aussägen wird etwa gleichviel Zeit in Anspruch nehmen wie schnitzen.

Amesbury (Abbildung 161) sieht für mich so aus, als ob es ganz mit der Maschine hergestellt wurde. All die runden Serifen und die abgerundeten Ecken sowie die makellose Genauigkeit erwecken diesen Eindruck. Es ist aber nirgends ein Anzeichen zu finden, das auf den Gebrauch einer Maschine oder eines Meissels zurückzuführen ist. Betrachten Sie auch die zu grossen Zwischenräume bei «A» und «y». Um dies auszugleichen, hätte das ganze Wort gleichmässig ausgedehnt werden müssen.

Abbildung 158

Abbildung 159

Abbildung 160

Abbildung 161

Abbildung 162

Die einfachste Lösung für den Do-it-yourself-Mann – eine Tischlampe, die aus alten hölzernen Druckplatten besteht (Abbildung 162). Das leicht gebeizte Holz wirkt sehr eindrucksvoll. Ich kenne einen Drucker, der eine ganze Wand des Empfangsraumes damit ausschmückte. Obwohl Tausende dieser Buchstaben maschinell hergestellt wurden, ist die Idee bestechend, das Alphabet als abstrakte Dekoration zu verwenden.

Abbildung 163 zeigt ein viktorianisches Relief, naiv im Stil, aber technisch ziemlich ausgereift. Es ist bemalt, doch die Farbe ist ziemlich dunkel und angegriffen. Die erhabene Schrift ist einfach, aber sehr schön geschnitzt und macht die Füllung zweifellos interessanter. Wichtiger jedoch ist, dass sie sofort und offensichtlich aufzeigt, worum es im Thema geht.

Abbildung 164 stammt von einem Deckel einer Padouk-Schmuckdose aus dem Fernen Osten. Ihre Verzierung ist typisch chinesisch, mit Ausnahme des Monogramms, das eher aus dem viktorianischen England stammt. Wie die meisten orientalischen Schnitzereien ist es technisch ausgezeichnet gemacht. Die Buchstaben sind etwa 12 mm tief. Vermutlich wurde es im 19. Jahrhundert von einem englischen Besucher in Auftrag gegeben.

Die Inschrift von Abbildung 165 ist ungewöhnlich. Sie befindet sich in einer Hohlkehle von etwa 100 mm Breite und ist nicht aus dem vollen Holz geschnitzt, sondern vermutlich von einem passenden abgerundeten Eichenstab; anschliessend wurde sie aufgeleimt.

Abbildung 163

Abbildung 164

Abbildung 165

Abbildung 166

Abbildung 167

Abbildung 168

Ein anderes Beispiel aus einer Kirche, Abbildung 166, zeigt eine wunderschöne Inschrift, in massiver Eiche geschnitzt, mit einem wiederholt gefalteten Band als Hintergrund. Das Alphabet ist gefällig und die Aushöhlung der Oberfläche sehr wirkungsvoll. Zu bedenken ist nur, dass die Einschränkung durch die vorgegebenen Längen jeder Füllung dazu geführt hat, dass «S» und «E» zu nahe aufeinanderliegen, zwischen «L» und «S» hingegen klafft ein Loch.

Die grossen Initialen in Abbildung 167 sind zumindest 300 mm hoch und im oberen Teil einer Kirchentür aus Eiche geschnitzt. Es ist ersichtlich, dass der untere Teil der Buchstaben aus der Nute, die die Füllung hält, mit einer Laubsäge ausgesägt wurde. Leider ist das «K» abgebrochen. Dies ist eine erstklassige Schnitzerei und ein Paradebeispiel für eine Schrift, die zwei Zwecke bestens erfüllt: Verzierung und Denkmal, in diesem Fall zum Gedenken eines verstorbenen Bischofs.

Abbildung 168 gibt einen einfachen, aber wunderschönen Hausnamen wieder. Die Technik ist ausgezeichnet, die Schriftart ideal und die Abstände beinahe perfekt. Vielleicht ist der Abstand zwischen «T» und «h» etwas zu gross.

Abbildung 169 zeigt zwei japanische Namensstempel, etwa 100 mm lang und in einem sehr harten Holz (eventuell Ebenholz) geschnitzt, technisch ausgezeichnet. Ich nehme an, dass sie mit Tinte als Stempel für Papier oder Seide benutzt wurden. Der Holzstempeldruck stammt aus der Reliefschnitzerei und könnte als Anregung weiterer Ideen zum Experimentieren dienen.

Abbildung 169

Abbildung 170 ist ein Beispiel meiner eigenen Schnitzerei, in der ich die Inschrift rings um den Sockel anbrachte. Die Inschrift trägt nicht nur zum Inhalt des Sujets *Merlin* bei – es handelt sich um eine lateinische Heraufbeschwörung des Teufels –, sondern sie bildet auch den Übergang zwischen der Schnitzerei und dem Mahagoni-Sockel. An den Tischbeinen brachte ich Monogramme mit der Jahrzahl und meinen Initialen an.

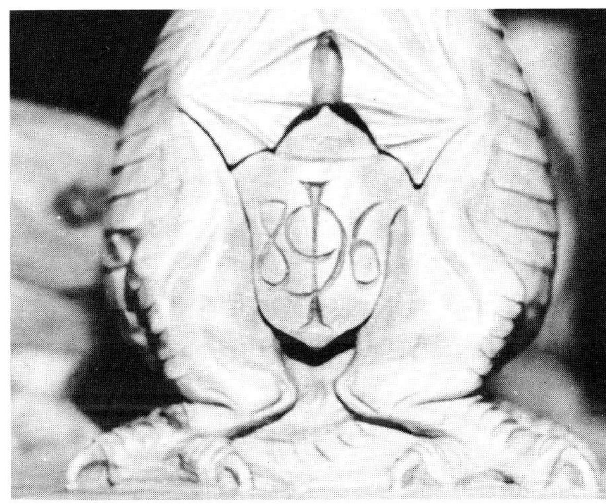

Abbildung 171

Abbildung 170

Beispiele geschnitzter Schriften

Schüssel

Ich kaufte diese Olivenholzschüssel mit dem Besteck für wenig Geld und beabsichtigte, sie zu verzieren, und zwar mit einer Zeile aus Shakespears *Macbeth*. Der Schrifttyp ist keltisch und stammt aus dem *Lindisfarne Evangelar* in einer wunderschönen Handschrift.

Da die Schüssel einen Umfang von 760 mm hatte und der Spruch aus 28 Buchstaben und Zwischenräumen bestand, war es einfach, sich für eine Buchstabenhöhe und eine durchschnittliche Breite von je 25 mm zu entscheiden. Damit blieben noch 62 mm, um den Anfang vom Ende des Satzes zu trennen. Die Schrift wurde auf einen Papierstreifen gezeichnet und dann auf die Schüssel gepaust (Abbildungen 172 und 173).

Bei solchen Arbeiten kann die Schüssel meistens im Werkbank befestigt werden, so dass man bequem schnitzen kann. Ich benützte einen Geissfuss für die dünnen Linien und die langen zugespitzten Enden. Die breiteren Partien werden am besten mit einem abgerundeten Flacheisen und die Enden mit einem kleinen flachen Blumeneisen gemacht. Die dekorativen Vogelköpfe sind mit einem 2 mm Geissfuss geschnitzt (Abbildung 174 zeigt die fertige Schüssel).

Abbildung 172

Abbildung 173: Wassermolchauge und Froschschenkel.

Abbildung 174

Eingekerbte Gotisch

Wie in vielen anderen Schriftarten, die mit einer Feder geschrieben werden, sind nicht alle Buchstaben der gotischen Schrift geeignet, gekerbt zu werden. Die Enden der geraden Striche bedingen saubere Schnitte in Form von umgekehrten Pyramiden oder flachen V (Abbildung 175). Die dünnen, geraden Striche werden mit einem Flachmeissel Nr. 1 eingeschnitzt. Die verschiedenen unregelmässigen Rundungen sind ziemlich schwierig und bedürfen einer Reihe Schalen mit abgerundetem Profil, um sauber geschnitzt zu werden. Das Endprodukt ist äusserst eindrucksvoll, obwohl es schwer lesbar ist (Abbildung 176).

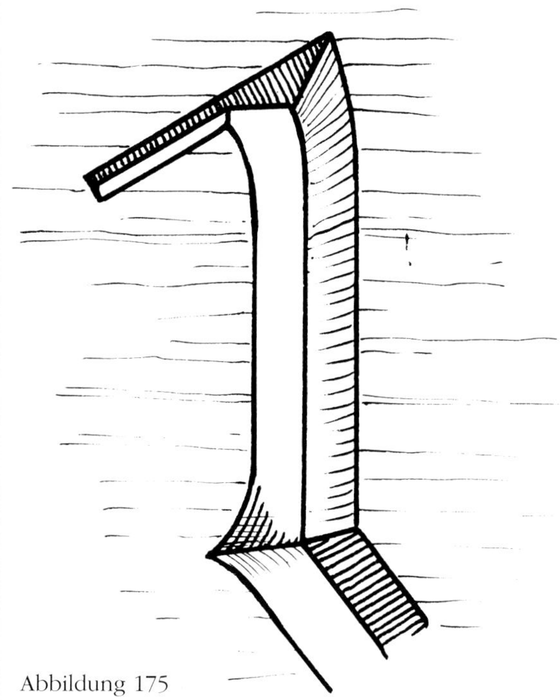

Abbildung 175

Abbildung 176

Cuprinol

Diese Füllung, von einer Werbeagentur in Auftrag gegeben, bot mir die Gelegenheit, etwas Aussergewöhnliches zu tun. Der Entwurf (Abbildung 177) wurde mir von der Agentur vorgegeben. Auch war festgelegt, dass die Schnitzerei auf Eichenholz in einen Rahmen aus demselben Material zu stehen käme.

Die erhabene Fettschrift sowie der gekerbte, feinere Mittelteil ergeben verschiedene Höhen und machen das Ganze interessanter. Ein Oberfräser ist ideal, um das Restholz einer solchen Füllung abzutragen. Mit etwas Geschick bleibt ein Minimum an Arbeit mit den Meisseln, um die erhabenen Buchstaben zu beenden. Unvermeidbar war, dass die Maserung von oben nach unten verlief und das Kerben der Buchstaben erschwerte (Abbildung 178).

Abbildung 177

Abbildung 178

Russisches Schild

(Abbildung 180.) Diese russische Schrift wurde von einem Engländer in Auftrag gegeben, dessen russischer Ehefrau die Ausreise aus der Sowjetunion eine Zeitlang untersagt war. Die Idee gefällt – vielleicht machen die ungewöhnlichen kyrillischen Buchstaben den nötigen Charme aus.

Ich bekam den Entwurf im Massstab 1 : 1 auf Papier aufgezeichnet. So fotokopierte ich das Original, um dann die Kopie auf das Holz aufzukleben und direkt durch diese hindurch die Buchstaben zu umfahren. Auf diese Weise bekam ich die genaueste Wiedergabe der Schrift auf das Holz (Abbildung 179). Das Restholz wurde dann mit dem Oberfräser abgetragen und die Buchstaben vollendet. Ich hämmerte den Hintergrund, liess aber einen Rand frei und behandelte das Ganze mit Wachs.

Abbildung 179

Abbildung 180: Mit freundlicher Genehmigung von Mr und Mrs J. Nation.

Marillion

(Abbildung 182.) Diese Schrift war äusserst schwierig zu schnitzen, nicht zuletzt aufgrund des kleinen Massstabes. Sie bewies mir, dass nicht alle Schriftarten geeignet sind, in massivem Holz geschnitzt zu werden. Die Umrisse der ganzen Schrift können ausgefräst (Abbildung 181) und mit Flacheisen und Schalen gesäubert werden. Aber die kleinen, unregelmässig geformten Löcher in den Buchstaben, in diesem Beispiel 19 mm tief, erwiesen sich als schwierig, weil die Oberkanten der Buchstaben nicht beschädigt werden durften. Nach dem Schnitzen schliff ich die Schnitzerei gründlich und schrägte die unteren Kanten ab, damit das Schriftbild demjenigen auf dem Plattenumschlag glich. Leider ist dies nicht ganz der Fall. Könnte ich nochmals von vorne beginnen, würde ich die Buchstaben einzeln mit einer Laubsäge aussägen und an Ort und Stelle aufleimen. Bedingung wäre dann allerdings, ein Stück Restholz von der Stelle, an der die Schrift in der Füllung zu stehen kommt, bereitzuhalten. Als Alternative könnte der Schriftteil auf 3 mm Dicke gehobelt und ein zweites Stück aus hellerem Holz, zum Beispiel Platane, gemacht werden. Dann könnte der dunkle Teil der Schrift aus Nussbaum und der helle Teil mit hellen Kanten aus Platane gesägt werden. Diese beiden Teile zusammengeleimt und auf kleinen 6-mm-Dübeln über der Himmeloberfläche aufgeleimt, würden eine schwebende Schrift bewirken. Meiner Ansicht nach wäre dies sehr eindrucksvoll.

Abbildung 181

Abbildung 182

7. Alphabete und Monogramme

Es gibt Hunderte von Alphabeten. Diese findet man in speziellen Büchern oder Katalogen. Ich stelle hier einige klassische und traditionelle und wenige modernere vor. Prüft man diese, zeigt sich sofort, dass einige, wie Romantiques oder Normandie, nur schwer zu realisieren sind, während andere sich sehr gut kerben, umfahren, erheben, aussägen usw. lassen. Betrachtet man Inschriften in der näheren Umgebung, kommen mehr schlechte als gute Beispiele zum Vorschein.

Monogramme sind faszinierend; sie weckten in der Vergangenheit beinahe wissenschaftliches Interesse, als ihnen magische Eigenschaften beigemessen wurden. Einige Monogramme, wie zum Beispiel diejenigen der Künstler Toulouse Lautrec und Albrecht Dürer, wurden sehr bekannt. Die Mehrheit der Holzbildhauer wünscht ihre Werke zu signieren; warum nicht mit einem Monogramm, wie ich es pflege?

Caslon

abcdefghijk
lmnopqrſst
uvwxyz
1234567890
ABCDEF
GHIJKLM
NOPQRS
TUVWXYZ

Garamond kursiv

ABCDEFGHIJKL

MNOPQRST

UVWXYZ

abcdefghijklmnopqr

ſstuvvwxyzææ

12345 & 67890

Baskerville

ABCDEFGHI
JKLMNO
PQRSTUVW
XYZ
abcdefghjkmn
opqrstuvwxyz
12345&67890

Optima

ABCDEFGHI
JKLMNOPQRSTU
VWXYZ

abcdefghijklmno
pqrstuvwxyz

12345&67890

Old Face Open

ABCD
EFGHIJKLMNO
PQRSTUVW
XYZ
12345&67890

Weiss

ABCDEF
GHIJKLMN
OPQRST
UVWXYZ

Weiss

ABCDEE
FGHIJKLMN
OPQRSTU
VWXYZ

Didot

A B C D E F G H I J

K L M N O P Q R S

T U V W X Y Z

a b c d e f g h i j k l m n o

p q r s t u v w x y z

1 2 3 4 5 6 7 8 9 0

Gill

ABCDEFHIJ

KLMNOPQR

TUVWXYZ

1234567890

abcdefghi

jklmnopqrstu

vwxyz&

Egyptienne fett

ABCDEFG
HIJKLMNOP
QRSTUVW
XYZ
abcdefghijk
lmnopqrstu
vwxyz
1234567890

Gras Vibert

ABCDEFGHI

JKLMNOPQ

RSTUWXYZ

abcdefghijklmn

opqrstuvwxyz

1234567890

Walbaum-Fraktur

A B C D E F G H I

K L M N O P Q R S T U

V W X Y Z

a b c d e f g h i j k l m n o p q

r ſ s t u v w x y z ä ö ü

1 2 3 4 5 6 7 8 9 0

Steinschrift

ABCDEFGHIJ
KLMNOPQRSTU
VWXYZ
abcdefghijkl
mnopqrstuvwxyz
1234567890

Italienische Schreibschrift

Spanische Kursive (etwa 1776)

Romantiques

ABCDEF

GHIJKLM

NOPQRST

UVWXYZ

1234567890

Normandie breit fett

ABCDE

FGHIJK

LMNO

PQRSTU

VWXYZ

12&34

567890

Rotunda (etwa 1553)

Gotisch fett

ABCDEFGH

abcdefghijklmnopq

JKLMNOPQ

rſstuvwxyz

RSTUWXYZ

Unciale

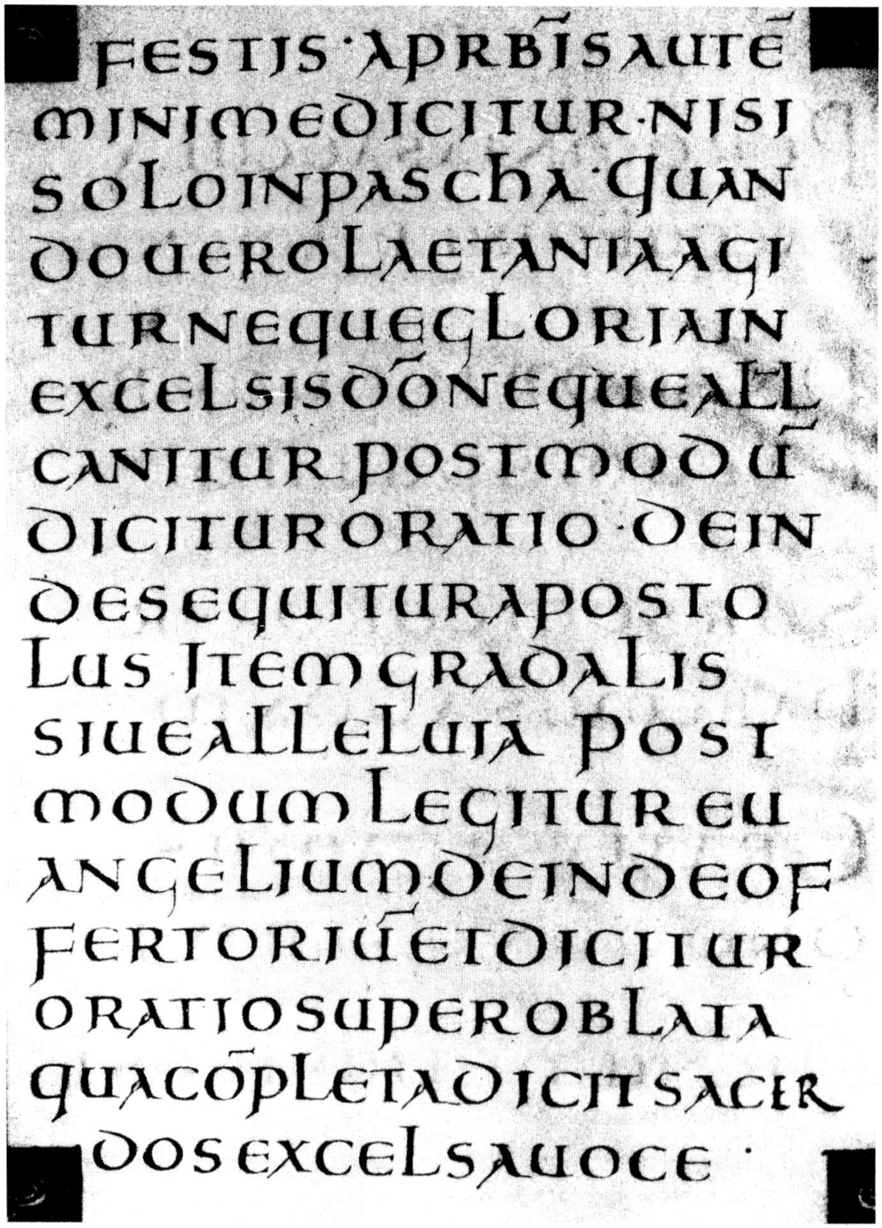

festis · aprbis aute
minime dicitur · nisi
solo in pascha · quan
do uero laetania agi
tur neque gloria in
excelsis do neque all
canitur postmodu
dicitur oratio · dein
de sequitur aposto
lus item gradalis
siue alleluia post
modum legitur eu
angelium deinde of
fertoriu et dicitur
oratio super oblata
qua copleta dicit sacer
dos excelsa uoce ·

Ornamentale Titelseite (etwa 1496)

Ornamentale Fraktur Kleinbuchstaben (etwa 1545)

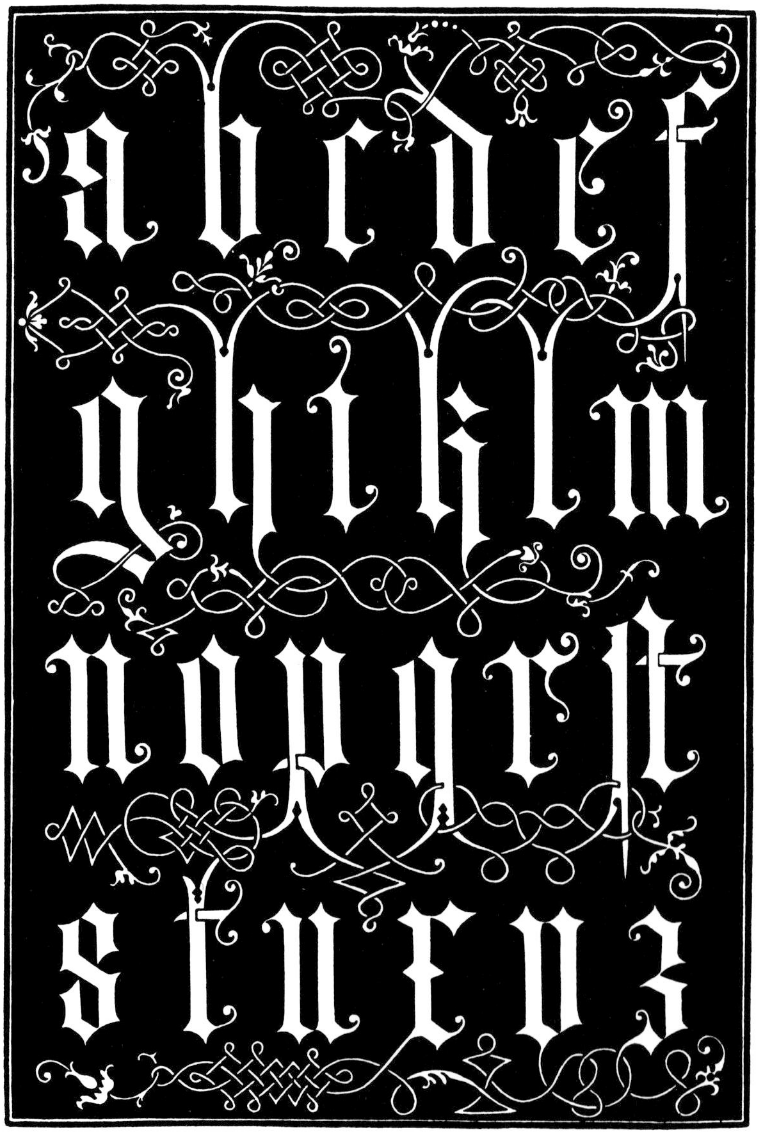

Ornamentale Phantasie Kleinbuchstaben (etwa 1545)

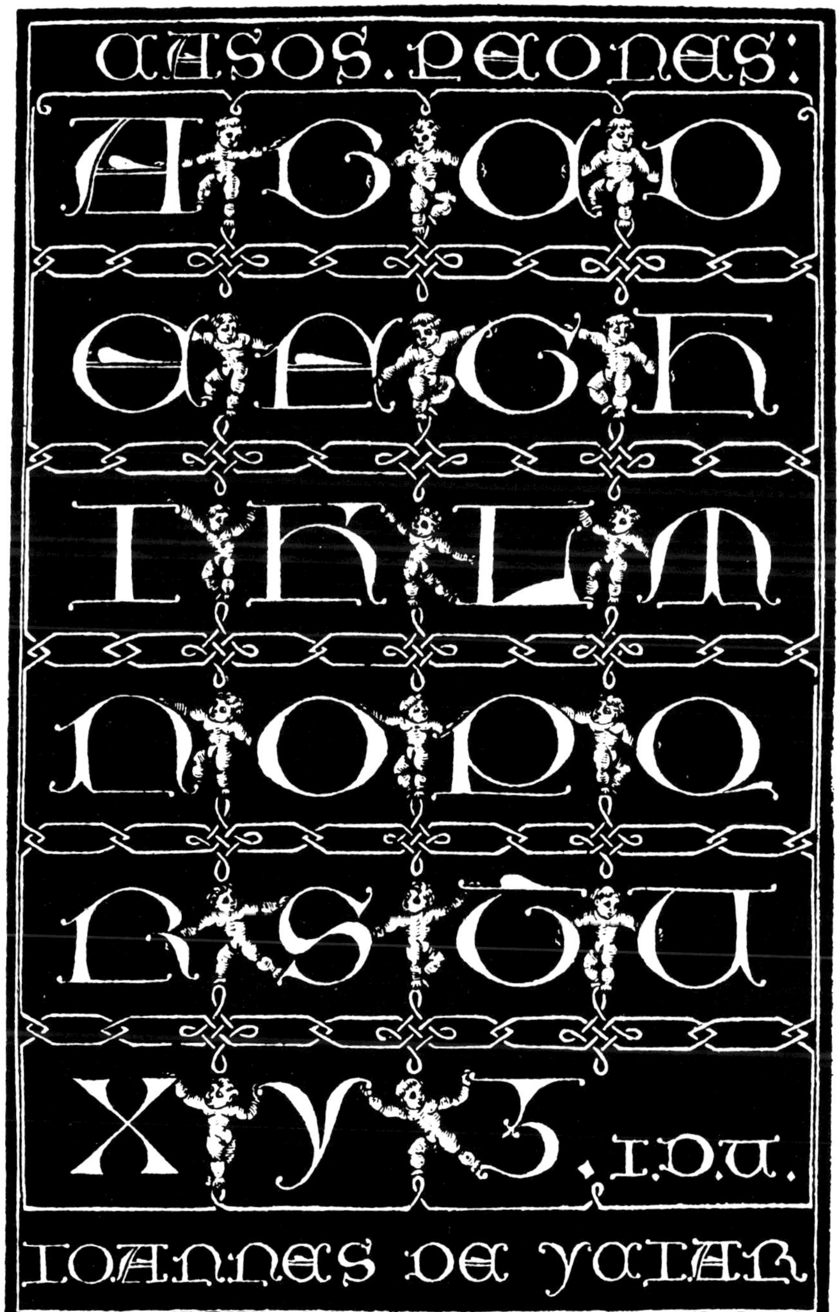

Ein Monogramm
in unterschiedlicher Ausführung

AA

AA

AB

BA

AAB

BBA

AC

CA

AAC

PPA

AQ

QA

AR

RA

AAR

RRA

AS

SA

6

PD

DDP

PPD

DQ

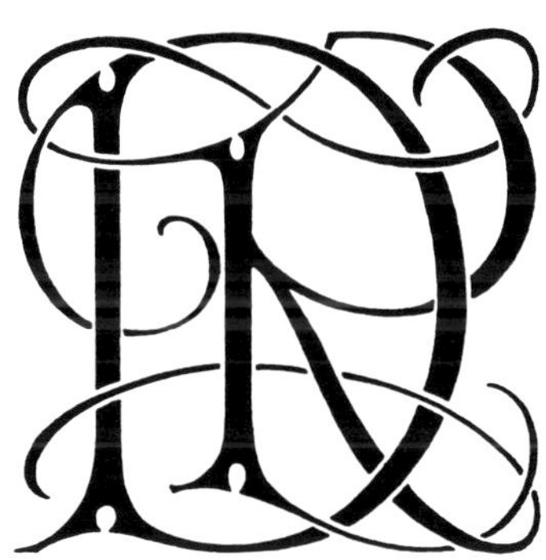
DR

RD

DDR

RRD

DS

PPS

PSS

PT

TP

PPT

TTP

PU

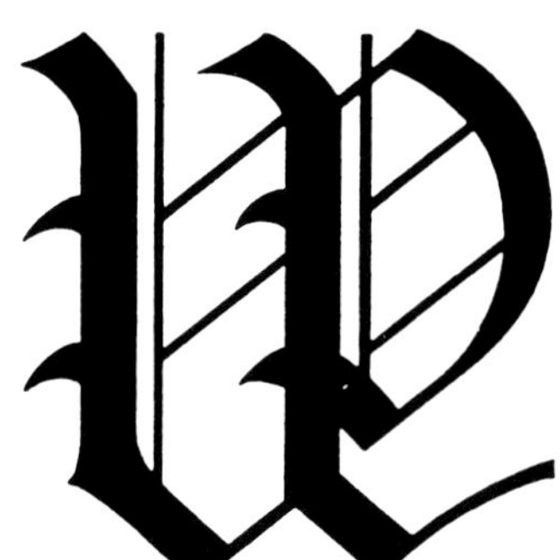

UP

PPU

KKV

KW

WK

KKW

WWK

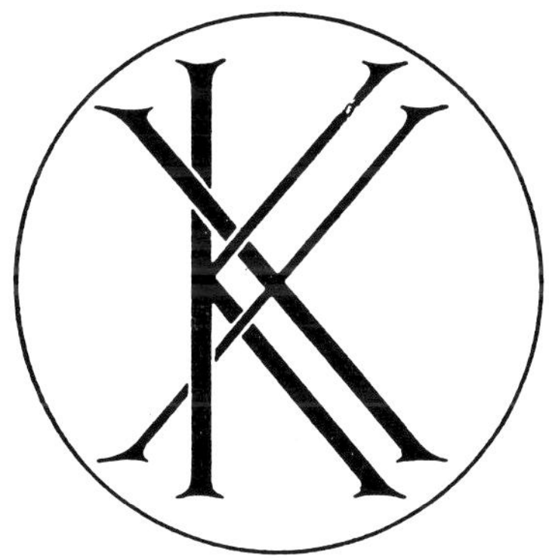

KX

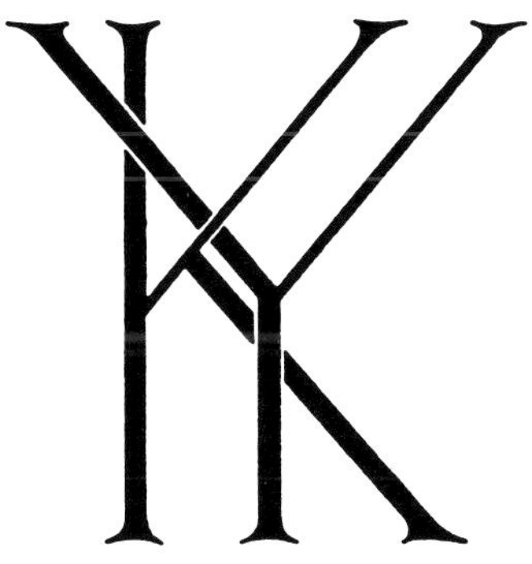

KY

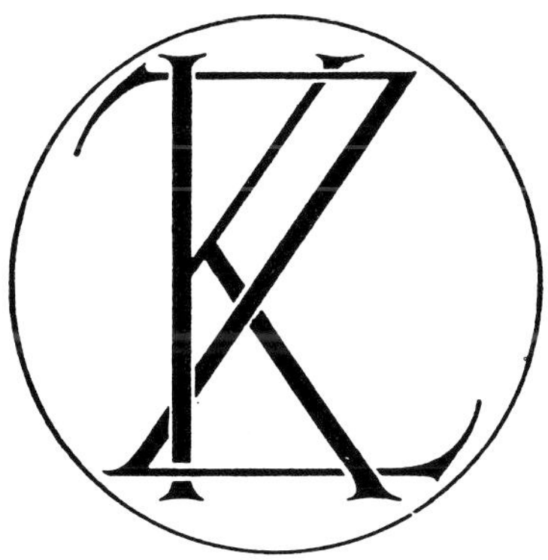

KZ

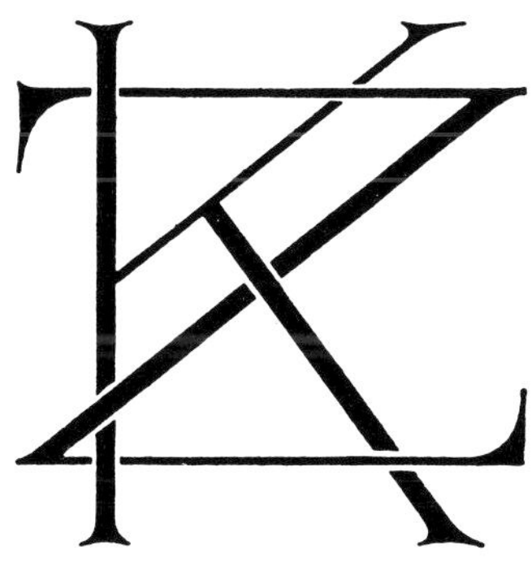

ZK

Bitte beachten Sie die folgenden Seiten!

Ian Norbury

Kreatives Holzschnitzen für Fortgeschrittene

Figürliches Arbeiten – Erläuterungen – Technik

186 Seiten, 7 farbige und 189 schwarzweisse Abbildungen, 200 Zeichnungen, gebunden Fr. 58.–/DM 69.–
ISBN 3-258-03921-6

In diesem Buch beschreibt Ian Norbury über fünfzig Objekte, die sowohl dem unerfahrenen als auch dem erfahrenen Holzbildhauer als Inspiration dienen können.
Jedes Beispiel ist mit Skizzen des ursprünglichen Konzeptes, genauen Umrisszeichnungen, Detailaufnahmen sowie Abbildungen des fertigen Gegenstandes versehen. Aussergewöhnliche Techniken werden speziell erwähnt und mit klärenden Illustrationen belegt. Alle beschriebenen Gegenstände eignen sich einerseits zum Nacharbeiten, sollen andererseits aber auch Grundideen für Eigenkreationen vermitteln.

Friedrich Frutschi

Holzschnitzen und Holzbildhauen

5. Auflage, 168 Seiten, 185 Abbildungen, 3 Zeichnungen,
gebunden Fr. 32.–/DM 38.–
ISBN 3-258-02311-5

Das Buch gibt dem Schnitzler und Bildhauer einen Überblick über die verschiedenen Arbeitsmöglichkeiten in seinem Beruf und führt den Laien mit möglichst einfachen Anleitungen dazu, sich selber in Schnitzen, Modellieren und Formen zu versuchen.
Darüber hinaus vermitteln die vielen Abbildungen eine kurzgefasste, allgemein gültige Grundlage der künstlerischen Holzbearbeitung.